CADMOS

HUBER DEPRAXIS

Auf gute alte Tage

CAD
MOS
DE PRAXIS
HUN

Lesen
Lernen
Wissen

Thekla Vennebusch und
Katrin Busch-Kschiewan

Auf gute alte Tage

Eine kleine Lektüre für
Besitzer von Hundesenioren

CADMOS

Impressum

Copyright © 2010/2012 by Cadmos Verlag, Schwarzenbek

Gestaltung: Ravenstein + Partner, Verden

Satz: Grafikdesign Weber, Bremen

Titelfoto: Shutterstock (Matthew Williams-Ellis)

Fotos im Innenteil: Alexander Bajohr, Ulrike Schanz,

Info Hund: Eva-Maria Krämer, Royal Canin und

Shutterstock (Andraž Cerar, eAlisa, Thomas Fredriksen, IKO,

Eric Isselée, Hannamariah, Petr Jilek, Erik Lam, ncn18, Netfalls,

Tina Rencelj, s-eyerkaufer, RIE Smith, SoL_Studio, Matthew Williams-Ellis)

Druck: Westermann Druck, Zwickau

Deutsche Nationalbibliothek – CIP-Einheitsaufnahme

Die Deutsche Nationalbibliothek verzeichnet diese Publikation in der

Deutschen Nationalbibliografie; detaillierte bibliografische Daten sind im

Internet über http://dnb.ddb.de abrufbar.

ISBN: 978-3-8404-2501-1

Inhalt

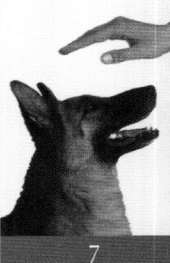

Vorwort

Sie haben einen Hund, der in die „besten" Jahre kommt oder schon mitten drin ist? Dann sind Sie hier genau richtig, denn dieses Buch widmet sich ausschließlich den älteren Vierbeinern.

Denkt man daran, dass der geliebte Vierbeiner älter wird, so plagen einen zunächst viele Sorgen. Wie wird es wohl sein, wie verändert sich der Alltag und was für Krankheiten erwarten uns? Dann werden Sie jedoch bald feststellen, dass das Zusammenleben mit einem Hundesenior in erster Linie etwas ganz Wunderbares ist und ein echtes Erlebnis. Ältere Tiere entwickeln nämlich ihren ganz eigenen Charakter und bereichern durch ihre Persönlichkeit unseren Alltag. Dabei ist es vollkommen gleichgültig, ob sie bereits seit vielen Jahren bei ihrem Menschen leben oder ob sie erst im fortgeschrittenen Alter an dessen Seite getreten sind. Hunde im fortgeschrittenen Alter sind aufgrund ihrer Lebenserfahrung und ihrem Selbstbewusstsein ausgesprochen angenehme Zeitgenossen. Vielfach wird berichtet, dass Hunde im Alter erst richtig zutraulich und anhänglich werden. Auch scheinen sie ihren Tagesablauf viel stärker auf den zweibeinigen Mitbewohner auszurichten als ein junger Hund. Kurz gesagt: Das „Seniorenalter" des Hundes ist eine Lebensphase voller Freude, eine Zeit also, in der die „Früchte" einer über Jahre gewachsenen Freundschaft geerntet werden können. Gesundheit, Wohlbefinden und die Lebenserwartung Ihres Hundes werden durch zahlreiche Aspekte wie Haltung, Pflege und Ernährung beeinflusst. Sie als Halter haben also die Möglichkeit, zu einer gesunden Lebensweise Ihres Vierbeiners bis ins hohe Alter beizutragen. Dieses Buch zeigt auf, wie sich die Vorzüge des Alters nutzen lassen und wie man möglichen Tücken ein Schnippchen schlägt. Ziel ist es, Sie als Hundehalter gezielt und umfassend darüber zu informieren, was sich bei Ihrem älteren Wegbegleiter ändert und wie Sie den veränderten Gegebenheiten gerecht werden können. Von der altersgerechten Pflege und Ernährung über die Möglichkeiten, Geist und Körper aktiv zu halten, bis hin zum richtigen Umgang mit Verhaltensänderungen und der gezielten Gesundheitsvorsorge – zahlreiche Themen werden angesprochen.

Neben allen Aspekten ist es ganz wesentlich, dass Sie Ihrem Hund jede Menge Aufmerksamkeit und Zuneigung schenken. Zeigen Sie ihm täglich, dass Sie ihn trotz seines Alters – oder gerade deshalb – besonders schätzen. Dabei schenken Sie sich selber das gute Gefühl, einer einmaligen Freundschaft gerecht zu werden.

Kapitel 1

Das Geheimnis des Alters

Die Lebenserwartung unserer Hunde ist gestiegen

Wir Menschen werden immer älter! In unseren Breitengraden sind bereits 25 Prozent der Menschen zwischen 60 und 100 Jahren alt. Schätzungen des Statistischen Bundesamtes zufolge wird ein Drittel der Bevölkerung im Jahr 2030 über 60 Jahre alt sein.

Diese Altersstruktur ist bei unseren Hunden längst erreicht. So wie wir werden auch sie immer älter. Waren 1967 gerade einmal 19 Prozent der Tiere zwischen 10 und 19 Jahren alt, so gehörten 1997 bereits 46,7 Prozent dieser Altersklasse an. Allein im Zeitraum von

Mit 13 Jahren immer noch fit wie ein Turnschuh – das ist heute keine Ausnahme mehr. (Foto: Alexander Bajohr)

1982 bis 1996 ist die Lebenserwartung von Hunden um über zwei Jahre gestiegen, so dass inzwischen fast jeder dritte Hund in Deutschland zu den Senioren zählt. 1982 wurden Hunde im Durchschnitt 9,5 Jahre, 2005 bereits 11,9 Jahre. Das ist ein Plus von 25 Prozent! (Quelle: Myonlinepanel Umfrage 10/05), wobei viele dieses Alter um einiges überbieten, denn auch hier gilt, dass Ausnahmen die Regel bestätigen.

Wo liegen die Gründe für die gestiegene Lebenserwartung?

Beim Hund wird die Lebenserwartung durch zahlreiche Faktoren beeinflusst. Neben angeborenen, also genetischen Faktoren, spielt auch die Hundegröße eine Rolle. So haben kleine Hunde (bis 10 kg Körpergewicht) grundsätzlich eine höhere Lebenserwartung als große Hunde. Während also ein Dackel in der Regel über zehn Jahre alt wird, gilt eine Deutsche Dogge in diesem Alter schon als „Methusalem".

Wesentlich für die angestiegene Lebenskurve in den letzten Jahren ist zum einen die allgemein bewusstere Tierhaltung. So werden Hunde heute artgerechter gehalten als noch vor einigen Jahren. Sie erhalten regelmäßig Auslauf, werden beschäftigt und liebevoll gepflegt. Hinzu kommen die verbesserte medizinische Versorgung sowie die enormen Fortschritte auf dem Gebiet der Tierernährung. Diente eine Hundenahrung bis 1980 nur dazu den Energiebedarf des Vierbeiners zu decken, so ermöglichen heutige Nahrungen viel mehr. Heutzutage ist nicht nur eine altersgerechte Fütterung möglich, sondern auch die Berücksichtigung zahlreicher Gesundheitsaspekte. Man kann getrost von „Gesundernährung" sprechen. Diese Kombination führte letztlich dazu, dass die Lebenserwartung in unserer Hundepopulation um durchschnittlich drei Jahre gestiegen ist!

Es ist also selbstverständlich alles für eine optimale Unterstützung der Lebenserwartung zu tun. Jeder, der einen älteren Hund an seiner Seite hat, weiß, welches Glück diese gewonnenen Jahre bedeuten. Doch letztlich kommt es nicht nur darauf an, dass ein Hund möglichst lange lebt, mindestens genau so wichtig ist es, das Beste für ihn (und sich) aus dieser Zeit zu machen. Sie als Hundehalter können eine Menge dazu beitragen, und zwar ohne großen Aufwand. Achten Sie einfach auf:

- Jede Menge Zuwendung und Aufmerksamkeit
- Ausreichend Beschäftigung und Bewegung

- Optimale Pflege und hochwertige, altersgerechte Ernährung
- Regelmäßige Gesundheitsvorsorge
- Medizinische Versorgung

So werden Sie nicht nur Ihrer Verantwortung gerecht, Sie schenken Ihrem vertrauten Freund – und sich selber – ein paar wertvolle, gemeinsame „beste Jahre".

Was bedeutet Lebensqualität?

Die Weltgesundheitsorganisation (WHO) erläutert den Begriff Gesundheit mit sehr umständlichen Worten: „Gesundheit ist nicht allein das Nichtvorhandensein von Krankheiten und Gebrechen, sondern der Zustand vollkommenen körperlichen, geistigen und sozialen Wohlbefindens". Eine Definition, die sich um einiges einfacher ausdrücken lässt: Lebensqualität bedeutet nicht allein, gesund zu sein, sondern darüber hinaus Freude am Leben zu haben, rundum zufrieden zu sein und ein erfülltes soziales Miteinander zu erleben. Dies gilt selbstverständlich auch für unsere älteren Hunde.

Wissenswertes über das Alter

Alterung ist keine Krankheit, sondern ein vollkommen natürlicher Vorgang! Der Übergang vom Erwachsenenalter zum Senioren-Stadium ist dabei fließend. Wann ein Hund zu altern beginnt ist sehr unterschiedlich. Große Hunde zum Beispiel werden früher alt als kleine Hunde. Ein Dackel mit 16 Jahren ist keine Ausnahme, eine Dogge mit sieben Jahren zählt dagegen schon zu den „Grufties". Auch bei Mischlingen, die als zäh und langlebig gelten, spielt die Größe der Ausgangsrassen eine Rolle. Darüber hinaus bestimmt aber auch die Form der Haltung sowie Ernährung, Pflege und Gesundheitsvorsorge den Beginn des Alterungsprozesses und insbesondere die Lebenserwartung.

- Rüden und Hündinnen haben eine gleich hohe Lebenserwartung.
- Kastrierte Hunde leben im Durchschnitt länger als nichtkastrierte Tiere.
- Hunde, die im ländlichen Umfeld gehalten werden, haben eine höhere Lebenserwartung als Stadthunde.
- Schlanke Hunde leben länger als Hunde mit Übergewicht.

Für Hundehalter gibt es grundsätzlich zwei Anhaltspunkte, sich auf das beginnende Alter des Hundes einzustellen: Richtzahlen und Altersanzeichen. Bei kleinen Hunden beginnt die Alterung ab dem achten Lebensjahr, mittelgroße Vierbeiner treten mit sieben Jahren in das „Seniorenstadium" ein. Große Hunde (ab 26 kg bis 45 kg) und Riesenrassen (ab 46 kg) altern sehr früh, bereits ab dem fünften Lebensjahr. Zum einen dienen diese Zahlen als Orientierung, zum anderen aber auch die typischen Altersanzeichen. Dazu nachfolgend mehr!

Der Älteste unter den Alten hieß „Bluey", wurde stolze 29 Jahre und fünf Monate und war der bisher älteste registrierte Hund. Er war ein australischer Hirtenhund und lebte von 1910 bis 1939 in Rochester/Victoria. Was ihn so lange jung gehalten hat, war vermutlich seine verantwortungsvolle Aufgabe: Bluey durfte 20 Jahre lang seiner Leidenschaft nachkommen – Schafe hüten!

(Quelle: Guiness-Buch der Rekorde 1997)

Erste Anzeichen des Alterns

Unabhängig von den Jahren, die ein Hund bereits hinter sich hat, geben äußere Merkmale und Veränderungen im Verhalten Hinweise auf den Beginn der „besten Jahre". Typisch ist, dass die Veränderungen allmählich und oft völlig unbemerkt auftreten. Neben offensichtlichen Anzeichen wie grauen Haaren um Schnauze und Augen beobachtet man auch Wesensveränderungen. Der alte Hund wird ruhiger und ist bisweilen sehr eigenwillig.

Mit den ersten weißen Haaren werden Hunde meist ruhiger und gelassener – manche mehr, manche weniger.
(Foto: Ulrike Schanz)

Sein Schlafbedürfnis nimmt zu, dabei werden warme Plätze in der Sonne oder aber vor dem Heizkörper bevorzugt. Ältere werden oft regelrechte „Sturköpfe", d.h. sie bestehen auf ihrem gewohnten Tagesablauf. Plötzliche Änderungen werden nur noch unter großem Widerstand akzeptiert. Manche Hunde scheinen Erlerntes zu vergessen und Neues nicht mehr umsetzen zu können. Ursache hierfür können Verkalkungen im Gehirn sein, die zu einer Senilität führen. Irgendwann stellt man vielleicht auch fest, dass der Hund schlechter hört und sieht als in jungen Jahren. Mit zunehmendem Alter sind die Senioren außerdem weniger bewegungsfreudig. Das Aufstehen macht ihnen oft Mühe, da sich erste Verschleißerscheinungen, wie Arthrosen bemerkbar machen. Der Bewegungsmangel kann dazu führen, dass die Tiere an Körpergewicht zulegen. Die Mehrzahl der Hundesenioren wird im Alter ganz besonders anhänglich, andere wiederum bevorzugen das ruhige Leben und ziehen sich zurück.

Kennzeichen des Alters

- Graue Haare um Schnauze und Auge
- Vermehrtes Ruhe- und Schlafbedürfnis
- Veränderungen im Temperament
- Verhaltensänderungen, z.B. Ängstlichkeit und Reizbarkeit
- Geringere Anpassungsfähigkeit
- Vermindertes Hör- und Sehvermögen
- Abnehmender Geruchssinn und in diesem Zusammenhang oft Inappetenz
- Gewichtsab- oder -zunahme
- Schlechtere Fellqualität
- Verdauungsbeschwerden, wie Verstopfung

- Die Haut verliert an Elastizität und wird dicker
- Abnehmender Gleichgewichtssinn
- Nachlassende Nierenfunktion
- Anfälligkeit für Erkrankungen
- Wundheilung dauert länger
- Arthrosen
- Zahnprobleme

Die aufgeführten Veränderungen sind kein Grund zur Sorge; sie sollen Sie vielmehr dazu anregen, sich auf den neuen Lebensabschnitt des Tieres einzustellen und sinnvolle Veränderungen vorzunehmen. Ganz wichtig ist zum Beispiel die Umstellung des Hundes auf eine altersgerechte Nahrung. Auf diesem Wege ist es möglich, die Gesundheit nachhaltig zu beeinflussen. So kann man für den Erhalt des Idealgewichtes Sorge tragen, Fell und Haut „in Schuss" halten, das Immunsystem, die Nierenfunktion sowie Gelenke und Zähne unterstützen.

Das Geheimnis des Alterns

Das Alter als natürlicher Prozess ist grundsätzlich dadurch gekennzeichnet, dass der Körper nach und nach immer mehr von seiner Anpassungsfähigkeit und Vitalität verliert. Das ist unter anderen auch mit einer erhöhten Anfälligkeit für Krankheiten verbunden. Warum dies so ist, konnte trotz weltweiter Forschungen noch nicht genau geklärt werden. Es gibt aber verschiedene Theorien,

Zwölf glückliche Hundejahre liegen zwischen diesen beiden Fotos: Links am Strand ist „Clown" zwei Jahre alt, Rechts: Mit 14 beobachtet er immer noch alles sehr aufmerksam. (Fotos: Alexander Bajohr)

die den Vorgang des Alterns veranschaulichen.

So sollen sich bestimmte Körperzellen im Alter nicht mehr so gut und schnell teilen können. Das heißt, es gibt weniger „Nachschub" durch den abgestorbene Zellen ersetzt und Schäden ausgebessert werden können. Besonders bemerkbar macht sich dies im Nerven- und Muskelgewebe. Die Teilungsfähigkeit der Zellen soll dabei genetisch begrenzt, also bis zu einem bestimmten Maße angeboren sein. Bei Mäusen zum Beispiel,

die eine Lebenserwartung von zwei bis drei Jahren haben, nimmt die Zellteilung früher ab als bei Papageien, die 70 Jahre und älter werden können.

Für den Untergang der Zellen werden außerdem „Abfallprodukte" verantwortlich gemacht, die im Stoffwechsel entstehen und sich über die Jahre im Körper ansammeln.

Denkbar ist es aber auch, dass sich im Laufe der Zeit bei den unzähligen Zellteilungen im Körper Fehler einschleichen, die sich dann bei jeder weiteren Teilung fortsetzen, so lange, bis fehlerhafte Zellen überhand nehmen.

Nicht zuletzt schädigen aber auch äußere Einflüsse die Zellen des Körpers. Bekannte Beispiele beim Menschen sind übermäßiger Tabak- oder Alkoholkonsum, Umweltbelastungen wie Abgase und Ozon sowie andauernder Stress. Auch beim Hund zählen die Lebensumstände zu den wesentlichen Einflussfaktoren. Eine wichtige Rolle spielen zum Beispiel die Haltung der Tiere (Stadt oder Land, Zwinger oder Wohnung?), ihre Ernährung und das Ausmaß der Bewegung.

Warum ist das so? Im Stoffwechsel älterer Tiere entstehen vermehrt „freie Radikale". Es handelt sich um aggressive Stoffwechselprodukte, die die Körperzellen angreifen und Krankheiten verursachen können. Bei Stress, mangelnder Bewegung, schlechter Haltung, minderwertiger und unausgewogener Ernährung entstehen die „freien Radikale" verstärkt und üben schädigende Einflüsse aus. So sollen sie bei der Entwicklung von Krankheiten wie Abwehrschwäche oder Krebs mitwirken. Natürliche Antioxidantien wie Vitamin E und C, Taurin, Lutein oder ß-Carotin sind in der Lage, diese freien Radikale im Körper abzufangen. Auf diesem Wege kann über die Ernährung ein Schutzeffekt auf die Körperzellen ausgeübt werden. Eine Erkenntnis, die in der Hundeernährung zum Wohl des Tieres umgesetzt wurde. So enthalten zum Beispiel die Ageing-Produkte von ROYAL CANIN eine einzigartige Mischung aus Antioxidantien, also Schutzstoffen, die die Körperzellen schützen und zur Stärkung der körpereigenen Abwehrkräfte des Hundes beitragen können.

Mit den Jahren verliert der Körper zunehmend seine jugendliche Kraft. Die Körpersubstanz wird abgebaut, insbesondere die Muskelmasse wird weniger. Die Leistung der Organe, allen voran der Niere, nimmt ab. Gelenkverschleiß macht den Tieren zu schaffen und Erkrankungen drohen, da die körpereigenen Abwehrkräfte schwächer werden. Zahnprobleme und eine abnehmende Zahl an Riechzellen beeinträchtigen die Futteraufnahme. Ausführliche Informationen zu den gesundheitlichen Veränderungen im Alter sowie Tipps, wie man ihnen entgegenwirken kann, finden Sie in den folgenden Kapiteln.

Die Lehre vom Alter: Geriatrie

Unter dem Begriff Geriatrie versteht man die Altersmedizin bzw. die wissenschaftliche Lehre vom Alter. Dieser Teilbereich der Medizin befasst sich mit den Ursachen des Alterungsprozesses, typischen Erscheinungen und Krankheiten des Alters sowie möglichen Gegenmaßnahmen. In Tierarztpraxen spielt die Geriatrie eine bedeutende Rolle. Fragen Sie doch einfach mal in Ihrer Tierarztpraxis nach – sicher informiert man Sie dort gern über gezielte Altersvorsorge-Programme, wie zum Beispiel das Senior Life Programm.

Kapitel 2

Alt, aber voll im Leben

Von den Vorzügen und Tücken des Alters

Vorab gesagt: Ihr Hund hat keine Probleme damit älter zu werden. Wir Menschen sind es, die irgendwann von Sorgen geplagt werden und um die Gesundheit des alten Weggefährten fürchten. Anders als uns Menschen stört es unsere Hunde nicht, wenn sie in die Jahre kommen, das Fell grau wird und die jugendliche Energie der Gelassenheit weicht. Hundesenioren können sich ganz hervorragend an die veränderten Gegebenheiten anpassen. Einfach ausgedrückt erinnert er sich dabei nicht an die Jahre, als er noch übermütig über

Bewegung spielt auch im Alter noch eine große Rolle. Das richtige Maß ist hier entscheidend. (Foto: Labat/ Royal Canin)

die Felder gelaufen ist. Er nimmt die Dinge einfach so, wie sie sind – voller Lebensfreude!

Die Vorzüge...

Natürlich sind die Sorgen von uns Menschen absolut verständlich. Schließlich möchte man möglichst lange Zeit an der Seite seines Vierbeiners verbringen. Aber zu große Ängste sind unbegründet! Vielmehr sollte man sich auf altersbedingte Veränderungen einstellen und ansonsten die schönen Seiten betrachten, die das Alter mit sich bringt. So wird zum Beispiel in den meisten Fällen die Bindung zwischen Zwei- und Vierbeiner ganz besonders intensiv und verspricht viele tolle Erlebnisse. Allein der spezielle Charakter von Hundesenioren macht jeden Tag zu einem echten Ereignis!

Lenken Sie Ihre Aufmerksamkeit auf die Punkte, die das Leben für den Senioren so lebenswert machen. Denken Sie immer daran: „Wer rastet, der rostet", d.h. Spaziergänge angepasst an die Fitness des Hundes, sind unverzichtbar. Sorgen Sie für jede Menge Anregungen von Geist und Körper. Legen Sie darüber hinaus größten Wert auf regelmäßige Gesundheitschecks beim Tierarzt und achten Sie insbesondere auf eine hochwertige, altersgerechte Ernährung.

Versuchen Sie den goldenen Mittelweg zwischen der Rücksicht auf das vermehrte Ruhebedürfnis Ihres Hundes und dem Bedarf nach einem weiterhin intensiven Leben zu finden. Ganz besonders wichtig: Widmen Sie Ihrem alten Freund jede Menge Zeit, Streicheleinheiten und Aufmerksamkeit. Ein schöneres Geschenk können Sie ihm nicht machen!

Die „Tücken"...

Auch wenn das Leben mit einem älteren Hund viele positive Aspekte bietet - im Alter drohen natürlich Erkrankungen, die sich nachteilig auf das Wohlbefinden und die Lebensqualität Ihres Tieres auswirken können. Inappetenz, Zahnprobleme, Gelenk-, Nieren- und Herzerkrankungen sind nur einige Beispiele für altersbedingte Gesundheitsrisiken. Den möglichen Gefahren muss man schon ins „Auge sehen". Am besten begegnet man diesen durch eine regelmäßige Gesundheitsvorsorge. Beobachten Sie Ihr Tier genau und lassen Sie bei Auffälligkeiten den Tierarzt/die Tierärztin nachschauen, was die Ursache ist. Früherkennung ist bei allen Erkrankungen wichtig! Bedenken Sie, dass eine altersgerechte Ernährung einen wesentlichen Beitrag zur Vorsorge, aber auch bei der Behandlung von vielen Krankheiten leisten kann. Fragen Sie in der Tierarztpraxis nach der optimalen Fütterung!

Wie sich Alterserscheinungen frühzeitig erkennen lassen, und wie sich ihnen vorbeugen lässt, wird im Gesundheits-Kapitel dieses Buches ab Seite 72 ausführlich erläutert.

Älterwerden im Team

Hunde sind Rudeltiere. Ihr höchstes Bestreben ist es, an der Seite ihres Menschen zu sein und diesem bedingungslos zur Seite zu stehen. Aus dieser Motivation heraus sind auch ältere Hunde immer noch sehr anpassungsfähig.

Dennoch kann ein älterer Hund nicht mehr so flexibel reagieren wie in jungen Jahren. Wohltuend ist es für ihn daher, wenn er sich im Alltag innerhalb seiner Familie nicht mehr zu häufig auf verschiedene, unbekannte Situationen einstellen muss. Veränderungen im gewohnten Tagesablauf sind für einen Hundesenioren nämlich viel schwerer zu verkraften. Wichtig ist es deshalb, nicht das eigene, also menschliche Verständnis von wohltuender Aktivität und Miteinander als Maßstab für den Hund zu nehmen, sondern sich in das Bedürfnis des Hundes hineinzuversetzen. Vorrangig geht es ja darum, Ihrem Hund Spaß und Freude zu bereiten!

Auch wenn ein Hund gern an der Seite seines Menschen unterwegs ist, so braucht er jetzt auch mehrere kleine Ruhepausen. Ein Blick auf domestizierte Wildhunde zeigt uns, dass diese wilden Artgenossen auch keineswegs den ganzen Tag aktiv sind. Im Gegenteil – Tiere in freier Natur ruhen außerhalb ihrer festen Jagdzeiten und schlafen auch tagsüber sehr viel. Eine permanente Aktivität entspricht also keineswegs dem natürlichen Verhalten eines Hundes. Nimmt man seinen Vierbeiner auf Schritt und Tritt überall mit hin – zum Einkaufen, zum Frisör, zum Kaffekränzchen, ins Restaurant und zur Grillparty – kann dies, je nach Typ des Tieres, zu einer regelrechten Reizüberflutung führen.

Auf heiß geliebte Wanderungen muss kein Senior-Hund verzichten, selbst wenn es auf die Alm geht…
(Foto: Royal Canin)

… kurze Verschnaufpausen helfen, neue Energie zu tanken. (Fotos: Alexander Bajohr

Dies bedeutet unnötigen Stress für das Tier und kann im schlimmsten Fall zu Verhaltensstörungen führen. Je älter ein Hund ist, desto mehr genießt er es, sich mal auszuruhen und schlafen zu können. Auch wenn er grundsätzlich als Ersatz für die Beutejagd, für die natürliche Auslastung von Psyche, Muskeln, Gelenken, Herz und Kreislauf, ausreichend Bewegung und Beschäftigung benötigt.

Ältere Hunde genießen es, wenn der Tag klar strukturiert ist: Regelmäßige Spaziergänge, Pflege- und Streicheleinheiten sowie feste Fütterungs- und Ruhezeiten treffen den Geschmack Ihres Hundes.

Freizeit und Urlaub

Auch bei der Planung von Freizeitaktivitäten sollten Sie auf die Gewohnheiten und Bedürfnisse Ihres alten Freundes Rücksicht nehmen. Kannte er es bisher nicht, längere Zeit alleine in der Wohnung zu sein oder mit in ein Restaurant zu gehen, so sollten Sie ihm dies auch jetzt nicht mehr abverlangen.

Gleiches gilt für die Wahl des Urlaubes. Hat Ihr Hund in jungen Jahren nicht gelernt, in einer Tierpension untergebracht zu sein oder im Flugzeug zu reisen, so empfiehlt es sich, auch jetzt im höheren Alter darauf zu verzichten. Bedenken Sie dabei immer:

Für einen Junghund sind solche Herausforderungen ein Leichtes, für einen Senior, der nicht daran gewöhnt ist, bedeuten sie unnötigen Stress! Und ganz ehrlich – was spricht schon dagegen, die Freizeit hundegerecht zu verbringen und den Urlaub so zu planen, dass er sich mit Auto oder Bahn – und vor allem mit Hund – organisieren lässt?

Informationen zu Hotels, Ferienhäusern und Urlaubsorten, in denen Hunde nicht nur gern gesehen, sondern herzlich willkommen sind, erhalten Sie zum Beispiel beim Ferienhausanbieter Novasol, in Hundezeitschriften, auf Ausstellungen und natürlich im Internet oder Reisebüro. Mittlerweile gibt

Auch im Alter spricht nichts gegen gemeinsame Unternehmungen, solange diese hund- und altersgerecht geplant werden (Foto: s-eyerkaufer/ Shutterstock)

Nicht mehr ganz junge Hunde sind die besseren Botschafter, wenn es zum Beispiel darum geht, eine Schulklasse zu besuchen. (Foto: Royal Canin)

es hier viele tolle Angebote mit einem bunten Programm, speziell für den gemeinsamen (Aktiv-) Urlaub von Zwei- und Vierbeinern.

 Wichtige Adressen:

Novasol, Ferienhäuser
Gotenstraße 11
20097 Hamburg
Telefon 040/23885982
novasol@novasol.de

Alt, aber noch voll im Leben

Rücksicht auf Ihren älteren Hund zu nehmen, bedeutet nicht, dass Sie ihn abschirmen und in Watte packen müssen. Im Gegenteil, ein Hund braucht auch im Alter weiterhin An-

regungen und Beschäftigung. Er will gefordert werden! Nur so bleiben Geist und Körper vital. Mit ein wenig Feingefühl lassen sich hier gesunde Kompromisse finden zwischen dem, was wünschenswert und dem, was machbar ist.

Viel Freude haben ältere Hunde zum Beispiel an regelmäßigen Spaziergängen mit vierbeinigen, alten Bekannten. Aber auch Menschen können im Mittelpunkt der Aktivitäten stehen. So gibt es zum Beispiel Besuchsdienste, bei denen man gemeinsam mit seinem Hund Alten- oder Pflegeheime besucht (Informationen beim Kuratorium Deutscher Altershilfe e. V.).

Eine weitere bundesweite Initiative ist ein organisierter Hundebesuchsdienst in Kindergärten, Kinderheimen und Schulen. Es handelt sich um eine Aktion, die sich „Helfer auf vier Pfoten" nennt. Bei diesem Unterricht „der besonderen Art" sammeln Kinder

Erfahrungen über den respektvollen Umgang zwischen Mensch und Hund. Außerdem lernen sie, wie ein Hund denkt und fühlt und wie man sich ihm gegenüber richtig verhält. Hätten Sie Freude an einem solchen Projekt und ist ihr Hund noch fit und nicht älter als acht Jahre? Dann trauen Sie sich doch einfach. Melden Sie sich bei „Helfer auf vier Pfoten" und erfahren Sie direkt, welche Bedingungen Sie und Ihr Hund erfüllen müssen, um Akteur zu werden. Auf diesem Wege tun Sie nicht nur Großartiges für das Wohlbefinden und Beschäftigung Ihres Hundes, sondern Sie engagieren sich darüber hinaus auch für Kinder und für die positive Wirkung des Hundes in der Gesellschaft. (Näheres dazu unter www.helfer-auf-vier-pfoten.de.) Im Rahmen solcher Projekte lässt sich die Gelassenheit und Lebenserfahrung Ihres älteren Freundes übrigens perfekt nutzen. Er bereitet anderen Menschen eine Freude und bekommt selber das, was er verdient: Jede Menge Aufmerksamkeit und Streicheleinheiten extra.

Welche Form der Beschäftigung und Anregung die richtige für Ihren älteren Hund ist, können letztlich nur Sie entscheiden. Sie kennen Ihren Hund besser als jeder andere und Sie wissen um seine persönlichen Gewohnheiten, Vorlieben und Abneigungen.

Ist Ihr Hund zum Beispiel bereits seit Jahren ein erfahrener Sportler und hat er immer noch Freude daran, dann ist – nach Absprache mit der Tierarztpraxis – auch gegen die Aktivität auf dem Hundeplatz nichts einzuwenden. Stellen Sie einfach ein Trainingsprogramm in „abgespeckter Form" zusammen. Sie werden sehen, dass auch der ältere Vierbeiner noch mit Elan und Begeisterung bei der Sache ist. Sie können jedenfalls sicher sein, dass Sie auf diesem Wege einen aktiven Beitrag zur Vitalität und Lebensfreude Ihres Hundes leisten. Natürlich freuen sich auch bisher untrainierte Hunde über Bewegung! Beginnen Sie in diesem Fall aber unbedingt mit kleinen Schritten, da die ungewohnte Anstrengung den Hund ansonsten leicht überfordern kann. Konkrete Möglichkeiten der Bewegung und notwendige Einschränkungen bei bestimmten Alterserscheinungen finden Sie auf den Seiten 35 – 41.

Wichtige Adressen:

Kuratorium Deutsche Altershilfe KDA e.V.
Wilhelmine-Lübke-Stiftung e.V.
An der Pauluskirche 3
50677 Köln
Tel: 0221/931847- 0
www.kda.de/tiere-in-der-altenhilfe.html

„Helfer auf vier Pfoten"
c/o Royal Canin Tiernahrung GmbH & Co. KG
Postfach 103045
50470 Köln
Tel: 0221/937060 - 60
www.helfer-auf-vier-pfoten.de

Alter schützt vor Torheit nicht

Ähnlich wie manche Menschen entwickeln auch Hunde im Alter schon mal „schrullige"

Eigenarten. Oft handelt es sich bei diesem Verhalten um eine Art Altersstarrsinn, der einfach zur „persönlichen Note" des Hundes dazugehört. Manchmal verbergen sich dahinter aber auch körperliche Beschwerden wie Schwerhörigkeit oder eine abnehmende Sehkraft. Trotz aller Einschränkungen – bleiben Sie trotzdem konsequent in der Erziehung. Das ist ebenso wichtig, wie ein feinfühliges Verständnis für den alten Freund und die Nachsicht bei gewissen Dingen.

Auf den Seiten 69 – 73 dieses Buches finden Sie ausführliche Informationen zu Verhaltensänderungen im Alter, möglichen Ursachen und dem richtigen Umgang damit.

Ein zweiter Hund als „Jungbrunnen?"

Oft hört man, dass es für einen älteren Hund gut sei, wenn ein jüngerer Artgenosse an seine Seite tritt. Ganz so einfach ist es leider nicht! Grundsätzlich kann ein Jungspund belebend

Junge und ältere Hunde können ein gutes Team bilden, wenn man einige Grundregeln beachtet (Foto: Erik Lam/Shutterstock)

wirken, allerdings nur dann, wenn das jüngere Tier frühzeitig in das Leben des älteren Hundes tritt. Ideal ist es, wenn ein zweiter Hund dann zum Rudel hinzukommt, wenn der erste Hund noch ein jüngerer Erwachsener ist. So haben die beiden Tiere noch ausreichend Gelegenheit, sich bei vollen Kräften aufeinander einzustellen. Dann kann der „Oldie" in der Tat später von der ihm bereits vertrauten jungen Generation profitieren.

Wird ein Hund im hohen Alter jedoch plötzlich und unvermittelt mit einem Junghund konfrontiert, so kann das für ihn weit-

aus mehr Stress als Freude bedeuten. In jedem Fall sollte der ältere Hund bei der Wahl des zweiten Tieres mitbestimmen dürfen. Er sollte Gelegenheit bekommen, den möglichen Neuankömmling zuvor kennenzulernen. Man merkt dann sehr schnell, ob die Chemie zwischen den Tieren grundsätzlich stimmt. Denn nur dann verspricht so ein Gespann auf Dauer Erfolg!

Trotz allem kommt es vor, dass die Hunde nach der ersten Eingewöhnung damit beginnen, eine neue Rudelordnung in Angriff zu nehmen. Geduld und konsequente Erziehung helfen hier, die Wogen zu glätten und das harmonische Miteinander wieder herzustellen.

Achten Sie besonders darauf, dass der ältere Hund ganz besonders viel Zuneigung bekommt. Er darf keinesfalls das Gefühl bekommen, dass er nur noch „das fünfte Rad am Wagen" ist. Tragen Sie vor allem dafür Sorge, dass der junge Hund die Ruhepausen des älteren Artgenossen respektiert und ihn in dieser Zeit nicht belästigt. Die Folge wäre Stress für Ihren Senioren, der sich nachteilig auf das Wohlbefinden und die Gesundheit auswirken kann. Umgekehrt müssen Sie natürlich auch darauf achten, dass der junge Hund im Hinblick auf Bewegung, Erziehung und Zuneigung zu seinem Recht kommt.

Insgesamt ist das keine einfache Aufgabe, die viel Fingerspitzengefühl erfordert und darüber hinaus zeitintensiv ist.

Kapitel 3

Perfekt gepflegt

Die Pflege – Gutes tun für Leib und Seele

Wir selber wissen es – Körperpflege ist nicht nur für das Erscheinungsbild entscheidend, sondern tut auch der Seele gut und beeinflusst somit ganz entscheidend Lebensqualität und Wohlbefinden. Gleiches gilt auch für unsere Hunde! Neben dem „Wohlfühlaspekt" dient die Körperpflege der Vierbeiner auch dazu, mögliche Krankheiten frühzeitig zu erkennen und diesen entgegenwirken zu können.

Haut und Fell – Spiegel der Gesundheit

Es stimmt tatsächlich, dass die Haut und das Haarkleid des Hundes widerspiegeln, wie es um die Gesundheit des Tieres bestellt ist. Dies gilt besonders bzw. umso mehr beim älteren Tier. Warum? Ähnlich wie ältere Menschen neigen auch Hunde im fortgeschrittenen Alter zu Veränderungen von Haut und Fell. Oft wird das Fell der Tiere feiner und erscheint nicht mehr so dicht. Einige Hunde haben zunehmend Schwierigkeiten mit dem Fellwechsel und haaren deshalb

Bürsten Sie Ihren Hund, auch wenn das Fell es nicht verlangt. Der Senior genießt die Zuwendung, und Sie können die Pflege zu einem kleinen Gesundheitscheck nutzen. (Foto: eAlisa/Shutterstock)

kontinuierlich über das ganze Jahr hinweg. Die Haut neigt zu Entzündungen und verliert an Elastizität. Insgesamt verändert sich der Stoffwechsel, was letztlich dazu führt, dass Haut und Haar nicht mehr so gut mit Nährstoffen versorgt werden wie noch in jungen Jahren. Aus diesem Grund kommt nicht nur der Pflege selber, sondern auch der Ernährung von Senioren eine herausragende Bedeutung zu.

Was ist also wichtig, um Vorbeuge zu leisten?

Bürsten Sie das Fell Ihres alten Freundes regelmäßig. So beugen Sie nicht nur Verfilzungen vor, sie massieren auch automatisch die Haut des Tieres und fördern auf diesem Wege deren Durchblutung.

Da die Talgproduktion der Haut im Alter nicht mehr so gut reguliert werden kann, sollte ein Vollbad grundsätzlich nur mit Spezialshampoos erfolgen und nur wenn es wirklich nötig ist. Gegen ein erfrischendes Bad im See bei warmen Temperaturen ist natürlich nichts einzuwenden.

Die sorgfältige Pflege von Haut und Fell sichert nicht nur ein strahlendes Aussehen des Fells, sondern gewährleistet auch, dass eventuelle Wunden frühzeitig entdeckt und Entzündungen vermieden werden können. Dies ist wichtig, da **Wunden** bei älteren Hunden nicht mehr so gut heilen wie in jungen Jahren. Aus diesem Grund sollten auch kleinere Wunden rechtzeitig gesäubert werden. Oft hilft es schon, wenn Sie das Fell um den verletzten Bereich herum kürzen und die Wunde sorgfältig mit klarem Wasser auswaschen. Für die Behandlung

oberflächlicher Wunden empfiehlt es sich in Ihrer Hausapotheke eine Salbe bereitzuhalten, die die Wundheilung fördert und eine Infektion verhindert, zum Beispiel Lebertranzinksalbe. Fragen Sie am besten in Ihrer Tierarztpraxis nach einen geeigneten Präparat. Tiefe Wunden sollten dagegen lediglich mit frischem Wasser gründlich gespült und anschließend durch Ihren Tierarzt/Ihre Tierärztin begutachtet werden. Erst wenn der Tierarzt „grünes Licht" gibt, darf die Wunde mit einer Salbe behandelt werden, denn bei manchen Verletzungen kann eine Salbe oder Creme die Heilung verzögern oder den Zustand sogar verschlimmern.

Viele Hunde bilden im fortgeschrittenen Alter sogenannte **Liegeschwielen** aus – meist an den Stellen, bei denen der Knochen direkt, ohne den Schutz von Muskeln, Binde- und Fettgewebe unter der Haut liegt, wie zum Beispiel an den Ellbogen- oder Sprunggelenken. Die stark verhornten Liegeschwielen sind grundsätzlich schmerzfrei und unbedenklich. Trocknen sie allerdings stark aus, so dass die Haut oberflächliche Risse bekommt, drohen schmerzhafte Entzündungen. Mit einer Fettsalbe (Vaseline) helfen Sie dies zu verhindern. Eine Tierarztpraxis muss nur dann zu Rate gezogen werden, wenn die Schwielen auffällig groß oder dick werden, sich entzünden oder zu nässen beginnen. Um Liegeschwielen vorzubeugen, sollte der Schlafplatz Ihres Hundes schön weich gepolstert sein und ihm die Möglichkeit bieten, sich bei Bedarf ohne Mühe in eine andere Liegeposition zu bringen. Außerdem sollten Decke oder Kissen des Hundes regelmäßig gesäubert und gewaschen werden. Dies verhindert, dass Verschmutzungen oder angesammelter Sand die Haut des Seniors reizen.

Viele ältere Hunde neigen zu **Hautwarzen**. Sie sind in der Regel kein Grund zur Besorgnis. Dennoch empfiehlt es sich, Warzen in der Tierarztpraxis kontrollieren und bei Bedarf entfernen zu lassen. Dies gilt besonders dann, wenn diese an Körperstellen sitzen, an denen sie stören, zum Beispiel am Auge oder in Gelenkbeugen, aber auch, wenn der Hund an den Warzen kratzt, so dass sie bluten oder sich entzünden.

Weniger unbedenklich sind **Hautgeschwülste und -tumore**. Sie treten bei älteren Hunden ebenfalls häufiger auf und können gutartig, also mehr oder weniger unbedenklich, oder bösartig sein, was Krebs bedeutet. Bei Umfangsvermehrungen, auch wenn sie noch so klein sind, sollte daher immer eine Tierarztpraxis zu Rate gezogen werden. Nur so kann frühzeitig geklärt werden, ob es sich um einen bösartigen Tumor handelt, der entfernt werden muss.

Grundsätzlich können nahezu alle Veränderungen an Haut und Fell Anzeichen für eine Erkrankung sein, die tierärztlich behandelt werden muss. Umso wichtiger ist es, dass Sie der sorgfältigen Pflege von Haut und Fell Ihres Hundes Zeit widmen. So ist es Ihnen möglich, auffällige Veränderungen frühzeitig zu bemerken. Bei Krankheitsanzeichen wie sehr starker Schuppenbildung, anhaltendem Haarausfall oder Juckreiz sollte immer eine Tierarztpraxis aufgesucht werden.

Da die Ernährung nicht nur das Aussehen von Haut und Fell beeinflusst, sondern auch deren Gesundheit, sollten Sie auf eine hochwertige Nahrung für ältere Hunde Wert legen. Diese sollte durch eine Zusammensetzung gekennzeichnet sein, die die sensible Haut von reiferen Tieren gezielt unterstützt.

Schutz vor Parasiten – auch im Alter noch unverzichtbar!

Flöhe, Milben und Zecken sind nicht nur lästig, sie können auch zu ernsthaften Erkrankungen führen und gefährliche Krankheitserreger übertragen. Wussten Sie zum Beispiel schon, dass Flöhe Bandwürmer übertragen und Zecken die Erkrankung Borreliose verursachen können? Schützen Sie Ihren Hund deshalb durch eine entsprechende Vorsorge. Fragen Sie in Ihrer Tierarztpraxis nach Präparaten, die lästige Parasiten abwehren und für Ihren älteren Hund geeignet sind. Pflegen Sie Haut und Fell Ihres Seniors gewissenhaft, halten Sie seinen Schlafplatz sauber und saugen Sie öfter gründlich den Boden. Denken Sie auch an regelmäßige Entwurmungen, um einem Wurmbefall zu begegnen.

Krallen

Im Alter wird das Horn der Krallen brüchiger. Eingerissene Krallen sind ausgesprochen schmerzhaft, veranlassen den Hund zu hartnäckigem Belecken und können letztlich sehr schlimme Entzündungen des Krallenbettes auslösen.

Hinzu kommt, dass sich die Krallen durch die altersbedingte geringere Aktivität des Hundes unter Umständen nicht mehr genug ab-

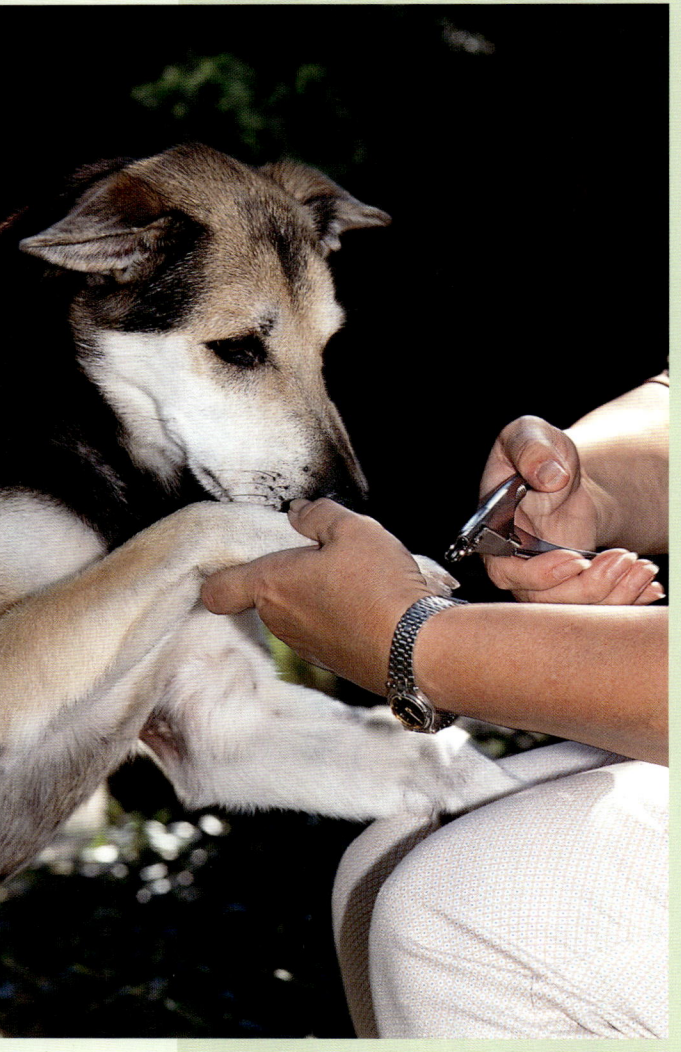

Wenn das Laufen des Hundes auf harten Böden zu hören ist, sind seine Krallen zu lang und müssen geschnitten werden. (Foto: Ulrike Schanz)

nutzen. Sie werden dann zu lang und verursachen dem Vierbeiner Schmerzen bei der Bewegung. Kontrollieren Sie deshalb die Krallen Ihres Senioren regelmäßig! Meist reicht es aus, zu lang gewordene Krallen zu kürzen. Am besten lassen Sie sich in Ihrer Tierarztpraxis einmal zeigen, wie man die Krallen richtig kürzt, welche Krallenzange man verwendet und welches die richtige Länge ist. Mit dem entsprechenden Werkzeug, einer speziellen Krallenzange für Hunde, können Sie das Krallenschneiden dann auf Dauer sicher selber übernehmen.

Die Temperatur muss stimmen!

Wir alle wissen, wie unangenehm es sein kann, wenn wir frieren oder im umgekehrten Fall extrem schwitzen. Ältere Hunde können ihre Körpertemperatur nicht mehr so regulieren wie in jungen Jahren. Sie reagieren daher ganz besonders empfindlich auf hohe und niedrige Temperaturen. Im Winter lieben es die Senioren warm! Suchen Sie Ihrem älteren Freund deshalb einen Schlaf- und Ruheplatz, an dem es konstant warm ist, der reichlich mit Kissen, Decken o.Ä. ausgepolstert und an dem der Hund vor Zugluft geschützt ist. Einige Hunde lieben auch ein „Nickerchen" direkt vor der warmen Heizung oder in der Nähe des Kamins.

Auf Winterspaziergängen gilt es, einen älteren Hund vor klirrender Kälte zu schützen.

Das heißt natürlich nicht, dass Sie auf Spaziergänge an der frischen Luft verzichten sollten. Im Gegenteil – körperliche Bewegung in der Natur kurbelt den Kreislauf des Hundes an und hilft ihm, kalten Temperaturen zu trotzen. Aber auf den Spaziergängen und bei sehr niedrigen Temperaturen kann es bei kurzhaarigen und sehr alten Hunden sinnvoll sein, einen schützenden Hundemantel überzuziehen. Besonders geschützt werden sollte dabei die Nierenpartie (hinterer Rückenbereich), aber auch der Bereich unter dem Bauch. Entscheidend ist, dass der Mantel aus einem wärmenden, Wasser abweisenden Material besteht.

Grundsätzlich sollten alte Hunde nach einem Spaziergang bei Schnee oder Regen mit einem Handtuch trocken gerieben werden. So wird die Hautdurchblutung angeregt und man beugt Unterkühlungen vor. Auf den Einsatz eines Föns oder so genannter Rotlichtlampen sollte unbedingt verzichtet werden. Sie spenden zwar Wärme, es kommt aber leicht zu einem Hitzestau und Verbrennungen.

Nicht nur tiefe Temperaturen machen Hunden zu schaffen, auch gegenüber Hitze zeigen sich ältere Tiere sensibel. Legen Sie deshalb die Spaziergänge in den warmen Monaten in die kühlen Morgen- oder Abendstunden und ersparen Sie Ihrem Hund körperlich anstrengende Aktivitäten.

Für jeden Hund wichtig, aber für Senioren besonders entscheidend: Hunde dürfen im Sommer nicht alleine im Auto gelassen werden! Die hohen Temperaturen lassen im Innern des Autos schnell Brutschranktemperaturen entstehen, die den Hund innerhalb kürzester Zeit in ernste Probleme bringen können. Neben dem Gesundheitsrisiko versetzt diese Situation den Hund in „Angst und Schrecken". Wenn sich ein Aufenthalt im Auto gar nicht vermeiden lässt, denken Sie immer daran die Fenster zu öffnen, um eine ausreichende Frischluftzufuhr zu sichern. Parken Sie im Schatten und bedenken Sie dabei, dass die Sonne im Tagesverlauf wandert. Aus einem schattigen Platz kann so schnell ein unerwünschter „Platz an der Sonne" werden. Stellen Sie im Auto immer eine Schale/einen Reisenapf mit Wasser bereit.

Ist ein Hund merklich überhitzt, was sich durch starkes Hecheln, Appetitlosigkeit und Mattigkeit zeigt, helfen ihm erfrischende Duschen. Achten Sie dabei darauf, dass Sie Ihrem Hund mit dem kaltem Nass keinen Schock versetzen, dies nämlich würde seinen Kreislauf zu sehr belasten. Beginnen Sie damit, zunächst die Pfoten und Beine langsam zu kühlen, und arbeiten Sie sich dann zu den oberen Körperpartien vor, bis das gesamte Fell Ihres Hundes durchfeuchtet ist. Trocknet das Fell anschließend an der frischen Luft, kann der Hund die wohltuende Verdunstungskälte genießen.

Grundsätzlich sollten Sie dafür sorgen, dass sich Ihr alter Freund bei hohen Außentemperaturen ungehindert an ein schattiges Plätzchen ohne Zugluft zurückziehen kann, und dass ihm stets frisches Trinkwasser zur Verfügung steht. Besteht darüberhinaus die Möglichkeit zu einem erfrischenden Bad im nahe gelegenen See – bestens! Ihr Hund wird die willkommene Abwechslung sicher zu schätzen wissen!

Augen, Ohren, Anal- und Geschlechts-öffnungen

Bei älteren Hunden kommt es häufiger einmal zu Augenausfluss, Sekretbildung in den Ohren sowie Ausfluss an Scham beziehungsweise Penis. Meist reicht es aus, die betroffenen Regionen regelmäßig zu kontrollieren und die Sekrete mit einem sauberen, weichen Lappen zu entfernen. Bei hartnäckigen Verkrustungen kann der Lappen mit klarem, warmen Wasser angefeuchtet werden. Tabu ist der Einsatz von scharfen Reinigungsmitteln, Wattestäbchen, spitzen oder scharfen Gegenständen. Kamille hat zum Beispiel nichts am Auge zu suchen. Wenden Sie auch nicht ohne Absprache mit dem Tierarzt noch vorhandene Salben, Cremes oder Tropfen an! Verschmutzungen an der Schwanzunterseite und den Hinterbeinen können die Folge von Durchfall sein. Leckt sich Ihr Vierbeiner des Öfteren den After, kann eine Verstopfung der Analdrüsen die Ursache sein. Diese werden normalerweise bei jedem Absatz von Kot entleert. Kommt es infolge von Durchfall zu einer mangelhaften Entleerung, können sich die Analdrüsen schmerzhaft entzünden. Ein Tierarztbesuch ist dringend nötig!

Grundsätzlich gilt: Sind die Augen, Ohren oder Körperöffnungen Ihres Hundes trotz regelmäßiger, sanfter Reinigung stark gerötet, verklebt oder schmerzhaft, deutet dies auf eine Erkrankung hin, die tierärztlich behandelt werden sollte. Juckreiz sowie eitriger Ausfluss sollten immer Anlass für einen sofortigen Tierarztbesuch sein!

Gesunde Zähne – im Alter besonders wichtig!

Bitte nehmen Sie die Zahnpflege Ihres älteren Hundes sehr ernst! Ein gesundes Gebiss nimmt wesentlichen Einfluss auf die Gesundheit und die Lebenserwartung Ihres Tieres. Erkrankte Zähne stellen einen gefährlichen Keimherd im Körper dar! Davon ausgehend werden täglich Millionen von Bakterien in den Körper „ausgeschwemmt". Erkrankungen von Gelenken, Herz und Niere können das traurige Resultat sein. Neben den genannten Konsequenzen für das Wohl des Tieres leidet auch die Lebensqualität des Vierbeiners. Jeder Mensch hat in seinem Leben schon mal Zahnschmerzen gehabt und weiß daher, wie schlimm diese sein können. Hunde empfinden nicht anders, aber sie können leider nicht sagen, was ihnen fehlt.

Ein Anzeichen dafür, dass ein Hund unter Zahnschmerzen leidet, kann zum Beispiel Nahrungsverweigerung bei einem sonst „guten Fresser" sein. Weitere Signale sind einseitiges Kauen, Meiden von Trockennahrung oder Schmerzreaktionen beim Nagen an Kauknochen. Vielen Besitzern fällt als erstes der starke Mundgeruch auf. Zu diesem Zeitpunkt kann man davon ausgehen, dass Zahnerkrankungen bereits weit fortgeschritten sind. Gewöhnen Sie es sich deshalb an, regelmäßig in das Maul Ihres Hundes zu schauen. Die Zähne sollten sauber sein und das Zahnfleisch rosarot. Mundgeruch sollte nicht bestehen. Jede Abweichung sollte umgehend in der Tierarztpraxis kontrolliert werden.

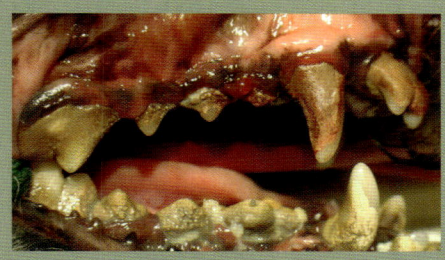 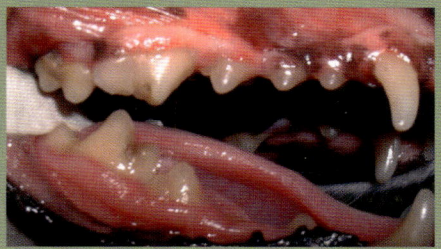

Pudel, 12 Jahre, 7 kg, keine Zahnpflege und Mischling, 14 Jahre, 8 kg, tägliche Zahnpflege (Fotos: Royal Canin)

Eine mögliche Ursache für Zahnschmerzen können abgebrochene oder stark abgenutzte Zähne sein. Besonders gefährdet sind Vierbeiner, die gern mit Steinen oder anderen harten Gegenständen spielen. Karies kommt bei Hunden sehr selten vor. Nur drei bis vier Prozent aller Hunde leiden darunter. Im Gegensatz dazu haben über 90 Prozent aller Menschen mit Karies zu kämpfen.

Die Hauptursachen für Zahnprobleme beim Hund sind mit Abstand Zahnbelag und Zahnstein. Ältere Hunde sind davon besonders betroffen, da die Bildung von Zahnbelag mit den Jahren zunimmt. Der Zahnbelag oder Plaque besteht aus Nahrungsresten und Bakterien. Wird dieser Belag nicht entfernt, so lagert sich Kalzium aus dem Speichel ein und es kommt zur Aushärtung. Die Folge ist der allen bekannte gelb-bräunliche Zahnstein. Dieser sieht nicht nur hässlich aus, sondern er hat fatale lokale und generelle Konsequenzen für Ihren Hund. Zunächst kommt es an dem betroffenen Zahn zu schmerzhaften Zahnfleischentzündungen und vereiterten Zahnfächern. Zahnausfall kann die Folge sein. Darüber hinaus kommt es zu den bereits erwähnten „Keimbelastungen" der inneren Organe.

Um dies zu verhindern, sollten Sie Ihrem Hund nicht nur regelmäßig die Zähne kontrollieren, sondern diese auch täglich putzen. Geeignete Zahnbürsten und Zahnpasta sind in der Tierarztpraxis erhältlich. Oft wird dieser Ratschlag belächelt, Fakt ist jedoch: Regelmäßiges Zähneputzen ist das „Mittel der Wahl" bei der Vorbeugung von schmerzhaften und gefährlichen Zahnproblemen. Natürlich ist es ideal, wenn ein Hund bereits als Welpe an das Zähneputzen gewöhnt wurde, aber auch ältere Tiere können es noch lernen. Ergänzend zum Putzen der Zähne empfiehlt es sich, hochwertige Trockennahrung zu füttern. Sind die Kroketten der Nahrung an das Gebiss des Hundes im Hinblick auf Größe und Textur angepasst, so kann ein wirksamer Effekt auf die Zahngesundheit des Hundes erzielt werden. Durch die Kroketten wird ein reinigender Bürsteneffekt erzielt. Ideal ist es, wenn in der Nahrung noch sogenannte Kalziumfänger (Natriumtriphosphate) enthalten sind. Sie fangen im Speichel enthaltenes Kalzium ab und wirken so der Zahnsteinbildung entgegen.

Ergänzend zur gewissenhaften Pflege sollte das Gebiss des Hundes einmal im Jahr in der Tierarztpraxis kontrolliert werden. Bei Bedarf kann dann entstandener Zahnstein entfernt werden – eine recht einfache Maßnahme, die dem Hund ein hohes Maß an Lebensqualität schenkt. Nicht selten blühen ältere Hunde nach einer Sanierung des Gebisses erstaunlich auf und erscheinen um Jahre jünger.

Körper- und Mundgeruch

Wie bereits besprochen, ist unangenehmer Mundgeruch in den meisten Fällen die Folge von Zahnbelag und Zahnstein. Dagegen hilft nur regelmäßige Zahnpflege. Ein verstärkter Mundgeruch kann jedoch auch auf eine fortgeschrittene Nierenerkrankung hinweisen. Riecht der Hund am gesamten Körper, so sind Ohrenentzündungen oder Hauterkrankungen mögliche Ursachen. Ist das der Fall, so bleibt es natürlich nicht nur beim Geruch allein, sondern man stellt dann auch weitere Krankheitssymptome wie Kopfschütteln, Ohrenschmalz, Hautveränderungen oder Juckreiz fest. Körpergeruch allein ist also kein Beweis für eine bestimmte Erkrankung! Noch einen Aspekt gilt es zu berücksichtigen: Hunde mit Stress bilden vermehrt Sekret in dafür empfänglichen Hautdrüsen. Bei derart „stinkenden" Hunden muss man die Ursache für den Stress finden und nach Möglichkeit abstellen.

Bei vielen älteren Hunden verstärkt sich der Eigengeruch des Fells ganz ohne eine gesundheitliche Ursache. Für das Wohlbefinden des Vierbeiners hat dies keinerlei Bedeutung - lediglich der Halter stört sich schon mal daran. Manche Hundehalter versuchen daraufhin, den eigenwilligen Geruch ihres Tieres durch Mittelchen wie Shampoos, Chlorophylltabletten oder Eukalyptus zu bekämpfen. In der Regel ohne Erfolg! Es bleibt Ihnen also nur eins: Sorgen Sie für eine optimale Pflege des Fells und wenn Ihr Hund riechen sollte, bedenken Sie eines: Es gibt Schlimmeres – der Lebensfreude tut dies wahrlich keinen Abbruch.

Im Überblick – Mögliche Veränderungen beim älteren Hund

- Ständiger Haarausfall
- Verfilzungen des Fells
- Haarkleid wird dünner und verliert an Glanz und Farbe
- Gestörte Talgproduktion
- Derbe, unelastische Haut
- Verminderte Wundheilung
- Liegeschwielen
- Neigung zu Warzen
- Erhöhtes Risiko für Hauttumore
- Spröde, zu lange Krallen
- Eingeschränkte Regulation der Körpertemperatur
- Vermehrte Sekretbildung an Körperöffnungen
- Starker Zahnbelag oder Zahnstein
- Mundgeruch
- Unangenehmer Körpergeruch

Wellness-Check für ältere Hunde

Ein Mal täglich

- Zähneputzen + Einsatz von Trockennahrung, die die Zahngesundheit unterstützt
- Bürsten oder Kämmen von langhaarigen Hunden

Ein Mal in der Woche

- Intensives Bürsten von kurzhaarigen Hunden
- Kontrolle der Haut auf Wunden, Warzen und Umfangsvermehrungen
- Kontrolle auf eventuell vorhandene Liegeschwielen
- Reinigung von Augen, Ohren, Scham beziehungsweise Penis
- Kontrolle der Krallen
- Kontrolle des Gebisses
- Säubern des Schlaf- und Ruheplatzes

Ein Mal im Monat

- Waschen der Kissen und Decken im Schlaf- und Ruhebereich

Drei bis vier Mal im Jahr

- Vorbeugender Einsatz von Medikamenten gegen Flöhe, Milben und Würmer

Ein Mal im Jahr

- Check-up in der Tierarztpraxis mit Kontrolle von
  - Körpergewicht
  - Lunge
  - Herz
  - Haut und Fell
  - Lymphknoten
  - Krallen
  - Zähnen
  - Körperöffnungen
  - Blutentnahme und Untersuchung von Parametern u.a. hinsichtlich Leber- und Nierenfunktion
- Jährliche Impfung!

 Wussten Sie schon, dass die jährliche Blutuntersuchung ein wichtiges Mittel bei der Früherkennung ist?

Eine Unterfunktion der Niere kann zum Beispiel nur auf diesem Wege rechtzeitig erkannt werden. Krankheitssymptome, wie vermehrtes Trinken oder Urinieren stellt man nämlich erst fest, wenn bereits zwei Drittel des Nierengewebes geschädigt sind. Die Blutuntersuchung lässt Veränderungen frühzeitig erkennen und man kann diesen durch Medikamente sowie den Einsatz einer speziellen Diät wirksam gegensteuern!

Kapitel 4

Munter und mobil

So bleibt Ihr Senior gesund in Bewegung

Auch wenn der Senior-Hund ruhiger wird, genießt er weiterhin Spiele und Bewegung. (Foto: Petr Jilek/Shutterstock)

Ausreichende Bewegung zählt zu den wichtigsten Grundbedürfnissen eines Hundes und zwar ganz unabhängig vom Alter. Im fortgeschrittenen Lebensalter gilt in der Tat der Spruch: „Wer rastet, der rostet!" Tiere, die nicht mehr ausreichend Möglichkeiten zur körperlichen Ertüchtigung erhalten, zeigen sich unbeweglicher und bequemer. Natürlich besteht dann auch ein erhöhtes Risiko für Übergewicht und Folgeerkrankungen.

Warum ist das so? Durch die körperliche Aktivität bleiben nicht nur Kreislauf, Muskeln und Gelenke in Schwung, die Durchblutung aller Organe wird gefördert und die Sauerstoffversorgung steigt. Außerdem ist auch der Einfluss auf die Psyche des Tieres enorm. Die Bewegung bewirkt nämlich den Abbau von Stresshormonen und macht den Hund somit ausgeglichen und zufrieden. Einen Hund artgerecht zu halten bedeutet daher, ihn ausreichend auszuführen und körperlich aktiv zu halten. Dabei gibt es für gesunde ältere Hunde grundsätzlich keine großen Einschränkungen.

Maßstab für Art und Umfang der Bewegung ist einzig und allein die persönliche

Fitness des Hundes und sein individuelles Bedürfnis nach Aktivität. Dennoch gibt es einige wertvolle Tipps für ein geeignetes Bewegungsprogramm.

Schlank und fit im Duett

Vergessen Sie Fitness-Studio, Trennkost und abgezählte Salatblätter. Denn was wirklich vor überflüssigen Pfunden bewahrt, zeigte eine Untersuchung der NASA bei 500 ihrer Angestellten. Die Mitarbeiter, die sportlichen Aktivitäten nur vor dem Fernseher, also passiv frönten, nahmen in zehn Jahren rund sieben Kilo zu. Angestellte dagegen, die täglich nur eine halbe Stunde spazieren gingen, setzten in dem gleichen Zeitraum kein einziges Gramm an. Wer aber nimmt und gönnt sich im Trubel von Beruf, Familie und Freizeitstress schon jeden Tag die Zeit für einen Spaziergang? Ganz einfach: Jeder, der einen Hund hält.

Das Marktforschungs-Institut in Schwalbach hat 100 deutsche Ärzte zu diesem Thema befragt. Die einhellige Meinung der Experten: „Regelmäßiges Zu-Fuß-Gehen hält nicht nur schlank, es verlängert sogar die Lebenserwartung." Professor Dr. Erhard Olbrich von der Universität Erlangen/Nürnberg bestätigt diese Erkenntnis. Auch seine Untersuchungen zeigen, dass Übergewicht beim Menschen im fortgeschrittenen Alter durch regelmäßige Spaziergänge mit einem Hund reduziert werden kann.

Warum also in der wohlverdienten Freizeit in die Kniebeugen gehen, Hanteln stemmen und Kalorien zählen, wo in Form bleiben doch so entspannt sein kann? Ein Spaziergang mit dem Hund, da baumelt die Seele, Gedanken des Tages ordnen sich und wer Lust hat, kann auf dem Rückweg guten Gewissens am Fitness-Studio vorbeigehen und in seinem Stammlokal einkehren – auf eine ausgewogene, gesunde Mahlzeit.

Das richtige Maß an Bewegung

Klar ist, dass Hunde je nach Alter, Gesundheitszustand, Rasse und Charakter ganz unterschiedlich bewegungsfreudig sind. Ein Wind- oder Jagdhund muss sich beispielsweise mehr austoben können als ein Malteser oder ein Chihuahua. Auch temperamentvolle Terrier-Rassen, Setter oder Malinois verlangen nach mehr Aktion als ein eher gelassener Bernhardiner.

Wie viel Bewegung ist also gut für meinen älteren Hund? Die Frage ist eigentlich ganz einfach beantwortet: Verlassen Sie sich auf Ihren Hundeverstand! Sie leben schon sehr viele Jahre mit Ihrem Hund zusammen und können folglich am allerbesten einschätzen, was für ein Temperament er hat, wie es um seine Gesundheit bestellt ist und wie viel Bewegung er folglich schätzt. Fakt ist, dass die meisten Hunde, ganz gleich welcher Rasse,

Ob Schwimmen oder ein gemütlicher Spaziergang – auf Bewegung muss im Alter nicht verzichtet werden. (Foto: Matthew Williams-Ellis/Shutterstock)

im Alter ruhiger werden. Sie wollen dann nicht mehr ganz so ausgiebig und wild herumtoben wie in jungen Jahren. Darauf sollten Sie als Hundehalter sensibel eingehen. Seinen Senior zur Aktivität zu motivieren heißt nicht, ihn zu überfordern. Fordern Sie ihn zur Aktivität auf, lassen Sie ihn laufen, spielen und arbeiten Sie weiterhin mit ihm. Ein wichtiger Grundsatz dabei lautet: Überfordern Sie ihn nicht! Oft gelingt es älteren Vierbeinern nämlich nicht mehr sich vor Überanstrengung zu schützen, wenn sie voller Begeisterung umhertoben. Letztlich sollte der Hund selber „mitentscheiden" dürfen, wie und wie viel er sich bewegen möchte. Am besten gelingt das auf einem Spaziergang, bei dem er nach Bedarf herumtoben oder einfach nur vor sich hin trotten kann. Bei einer Radtour oder einem strammen Dauerlauf an der Leine ist das fast unmöglich, da das Tempo dann ja von Frauchen oder Herrchen vorgegeben wird.

Entscheidend ist natürlich auch immer, welches Maß an Bewegung ein Hund gewohnt ist bzw. wie gut seine Kondition ist. Ein Senior, der in jungen Jahren mit viel Freude auf dem Hundeplatz im Sport aktiv war, kann dies im Alter ruhig beibehalten. Lediglich die Länge des Parcours, die Höhe der Hindernisse und das Tempo müssen an die jeweilige Leistungsfähigkeit angepasst werden. Ältere Hunde, die nicht trainiert sind, sollten dagegen nicht plötzlich mit ungewohnten, anstrengenden Aktivitäten konfrontiert werden. Die Belastung für Gelenke, Herz und Kreislauf wäre einfach zu groß.

Testen Sie den Herzschlag Ihres Hundes

Möchten Sie den Herzschlag Ihres Hundes überprüfen, dann können Sie versuchen, den so genannten Herzspitzenstoß Ihres Tieres zu fühlen: Legen Sie dazu Ihre Hand seitlich hinter den linken Ellenbogen auf die Rippen Ihres Hundes. Zählen Sie, wie oft das Herz in 15 Sekunden schlägt, und nehmen Sie diese Zahl mal vier, so erhalten Sie die Herzfrequenz pro Minute. Bei einem gesunden, älteren Hund schlägt das Herz in Ruhe 80 bis 120 Mal/Minute. Kleinere Hunde haben grundsätzlich eine etwas höhere Herzfrequenz als große Hunde. Nach Bewegung sollte die Herzfrequenz in rund 30 Minuten wieder auf die Ruhewerte zurückgehen. Liegt die Herzfrequenz in Ruhe außerhalb der oben genannten Bereiche, lassen Sie Ihren Hund sicherheitshalber untersuchen. Ideal ist es, wenn Sie Ihre Tierärztin/Ihren Tierarzt bei jedem Besuch um eine kurze Überprüfung der Herzfunktion und der Atmung bitten. So können eventuelle Schwächen frühzeitig erkannt werden. Heute gibt es hervorragende Möglichkeiten, einer eingeschränkten Herztätigkeit durch Medikamente und eine spezielle Diätnahrung zu begegnen

Bewegung – regelmäßig und gleichmäßig

Durch ausreichende Bewegung bleibt unser Hund fit und in Schwung. Nicht nur die Tatsache, dass der Vierbeiner sich bewegen darf ist dabei entscheidend, sondern auch die Art der Bewegung. Diese sollte regelmäßig und gleichmäßig sein, um eine Überlastung zu vermeiden.

Lieber öfter einen kurzen Spaziergang genießen, als den Hund auf Gewaltmärschen zu erschöpfen.
(Foto: Netfalls/Shutterstock)

Ein älterer Hund sollte grundsätzlich lieber viermal täglich eine halbe Stunde spazieren gehen als einmal täglich ein langes Stück und dreimal täglich eine kleine Runde. Aus dem gleichen Grund sollte man vermeiden, innerhalb der Woche kurze Strecken spazieren zu gehen und dann nur am Wochenende ausgiebige, kräftezehrende Spaziergänge zu machen. Der Grad der Belastung ist in diesen Fällen zu unterschiedlich und der Körper hat so keine Gelegenheit sich darauf einzustellen.

Achten Sie außerdem darauf, dass Ihr Hund keinen so genannten „Kaltstart" macht. Typische Beispiele dafür sind, wenn ein Hund direkt aus dem Auto auf den Hundeplatz läuft und ohne Aufwärmphase über Hindernisse tobt. Oder wenn ein vierbeiniger Senior aus der Haustüre ins Freie kommt und sofort mit dem Nachbarhund um die Wette rennt. Mangelhaftes Aufwärmen führt dazu, dass Herz, Kreislauf, Gelenke, Bänder und Muskeln unvorbereitet von Null auf Hundert eine extreme Leistung erbringen müssen und so zu stark belastet werden.

Besser ist es, wenn sich ältere Hunde bei langsamen, sehr ruhigen Bewegungen aufwärmen. So sollte man zunächst gemütlich im Schritttempo anfangen, später dann traben und erst danach mit der Fahrradtour oder dem Ballspiel beginnen. Gleiches gilt umgekehrt: Nach ausgiebiger Aktivität sollte sich ein Hund im Schritttempo wieder abkühlen können.

Gleichmäßigkeit spielt auch bei Art der Bewegung eine Rolle. Für ältere Hunde ist es immer von Vorteil, wenn sie einer gleichbleibend belastenden Bewegung nachgehen. Spaziergänge, Schwimmen oder langsames Laufen am Fahrrad sind daher eher zu empfehlen als zum Beispiel ein wildes, ausgelassenes Spiel mit einem Ball. Hierbei müssen die Hunde nämlich abrupt durchstarten, enge Haken schlagen und stark abbremsen. Für Gelenke, Bänder und Muskeln ist dies im fortgeschrittenen Alter eine Extrembelastung, die zudem das Risiko für schwere Verletzungen birgt.

Da hohe Temperaturen und hohe Luftfeuchtigkeit dem Kreislauf älterer Hunde besonders zu schaffen machen, sollten Spaziergänge bei feuchtwarmem Wetter in die kühlen Morgen- und Abendstunden gelegt werden. Körperliche Aktivitäten in der schwülen Mittagshitze sind für ältere Hunde alles andere als gesund.

Wichtige Regeln für die Bewegung älterer Hunde

- Ein Hund sollte viermal täglich ausgeführt werden, davon sollten zwei bis drei der Spaziergänge je eine halbe Stunde lang sein. Kontinuität und Gleichmäßigkeit ist für eine gute Kondition wichtig.

- Hunde, die an einer Erkrankung leiden, die mit vermehrtem Harnabsatz oder Verdauungsbeschwerden einhergeht, müssen unter Umständen häufiger als viermal täglich ins Freie.

- Art und Umfang der Bewegung müssen an die individuelle Fitness und die persönlichen Bedürfnisse des Seniors angepasst werden.

- Ideal sind gleichmäßige und regelmäßige Bewegungen, die im Grad der Belastung nicht zu sehr wechseln.

- Gelenke, Muskeln und Bänder dürfen nicht übermäßig und abrupt beansprucht werden.

- Vor und nach verstärkter körperlicher Aktivität sollte der Hund Gelegenheit haben sich aufzuwärmen bzw. abzukühlen. Beim Aufwärmen kann insbesondere im Winter eine Hundedecke hilfreich sein. Sie hält die Muskulatur warm und schützt außerdem vor Unterkühlung.

- Bei heißem und schwülem Klima sollte die Bewegung in die kühleren Abend- und Morgenstunden gelegt werden.

- Hat ein Hund gesundheitliche Probleme, muss das Bewegungsprogramm individuell darauf abgestimmt werden.

Hüftgelenksdysplasie
1 Pelvis (Becken)
2 Caput femoris (Oberschenkelkopf)
3 Femurhals (Oberschenkelhals)
4 Femur (Oberschenkelknochen)

Schematische Darstellung der verschiedenen Stadien der Hüftgelenksdysplasie bei Hunden. (Grafik: Royal Canin/ Diffomedia-Masure)

Wenn Herz und Gelenke Probleme machen!

Im fortgeschrittenen Alter haben einige Hunde Probleme mit ihren Gelenken oder mit dem Herz-Kreislauf-System. Zwischen 20 und 22 Prozent aller älteren Hunde, die in der Tierarztpraxis vorgestellt werden, haben ein orthopädisches Problem. Sie zeigen also Veränderungen an Gelenken, Sehnen, Bändern oder Muskeln. Bei Herz-Kreislauf-Erkrankungen liegt der Prozentsatz sogar noch höher. Oft entwickeln sich diese Leiden „still und heimlich"

bereits in jüngeren Jahren, führen aber erst im fortgeschrittenen Alter zu erkennbaren Problemen. Es empfiehlt sich daher, die Gesundheit des Vierbeiners schon in jungen Jahren regelmäßig in der Tierarztpraxis checken zu lassen. In diesem Zusammenhang kann es auch durchaus sinnvoll sein, Röntgen- und Ultraschalluntersuchungen vornehmen zu lassen.

Gelenkbeschwerden erkennt man bei älteren Hunden insbesondere an den plötzlichen Schwierigkeiten beim Aufstehen oder Hinlegen. Auch früher mühelos durchgeführte Aktivitäten, wie ins Auto springen oder eine Treppe steigen, fallen den Tieren plötzlich schwerer. Der Gang ist kurz und steif,

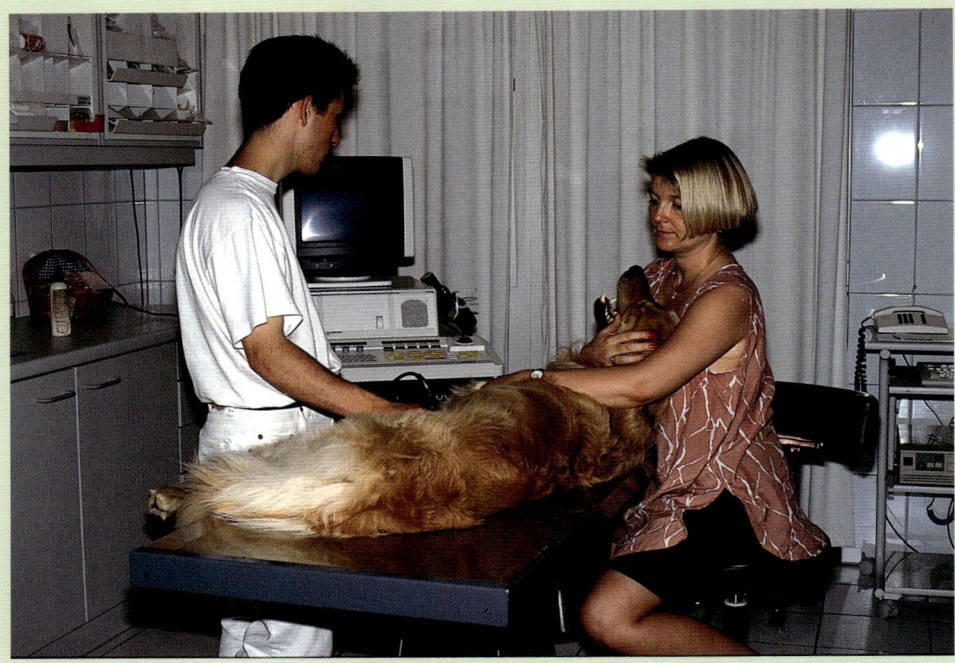

Eine Ultraschalluntersuchung gibt Aufschluss darüber, wie belastbar das Herz eines Hundes ist.
(Foto: InfoHund – Eva Maria Krämer)

viele Hunde gehen mehr oder weniger ausgeprägt lahm. Typisch ist, dass die Beschwerden am Morgen stärker ausgeprägt sind und sich im Laufe des Tages, wenn der Hund sich eingelaufen hat, bessern. Aufgrund der Schmerzen kann einigen Vierbeinern im wahrsten Sinne des Wortes der Appetit vergehen. Auch Verhaltensänderungen lassen sich feststellen. Hat ein Hund früher zum Beispiel den Postboten lautstark angekündigt und ist zum Briefkasten geeilt, so verzichtet er jetzt lieber darauf.

Erstes Anzeichen für eine Herz-Kreislauf-Schwäche ist ein deutliches Nachlassen der Belastbarkeit. So werden gewohnte Strecken nicht mehr oder nicht mehr so schnell wie früher geschafft. Bei Belastung beobachtet

man eine Kurzatmigkeit, auffälliges Hecheln oder auch krächzenden Husten. Zeigt Ihr Hund solche Auffälligkeiten, lassen Sie ihn unbedingt in der Tierarztpraxis untersuchen. In vielen dieser Fälle kann die Medizin tolle Dienste leisten und die Lebensqualität des Hundes deutlich verbessern. Und wie so oft gilt auch hier: Die Aussichten auf Besserung und Linderung sind umso günstiger, je früher die Erkrankung erkannt und behandelt wird. Daher sollte im Rahmen der regelmäßigen Altersvorsorge immer auch der Bewegungsapparat und das Herz-Kreislauf-System eines Hundes eingehend und gründlich untersucht werden.

Neben Medikamenten kann auch die Ernährung durch eine spezielle Diät unverzichtbare Erfolge erzielen.

So steht für Hunde mit Herzerkrankung eine Diät zur Verfügung, die unter anderem salzarm ist und durch zahlreiche Inhaltsstoffe die Kraft des Herzens unterstützen kann. Aber auch Gelenkerkrankungen lassen sich mit Hilfe einer speziellen Diätnahrung hervorragend beeinflussen. In diesen Nahrungen ist die Neuseeländische Grünlippmuschel enthalten. Sie verfügt über Wirkstoffe, die die Gelenkgesundheit positiv beeinflussen und so zu einer insgesamt besseren Beweglichkeit des Tieres beitragen können. In einigen Fällen kann es sogar auf diesem Wege gelingen, auf die anfangs notwendigen Schmerzmittel ganz oder teilweise zu verzichten. Fragen Sie in unbedingt in Ihrer Tierarztpraxis nach den geeigneten Diätnahrungen!

lebensrettend sein, die körperliche Belastung auf Dauer gezielt zu steuern. Hunde mit Bandscheibenproblemen dürfen zum Beispiel nicht mehr übermäßig Treppen steigen, Senioren mit einem Herzklappenfehler nicht mehr auf den Sportplatz, und Hunde mit einer Hüftgelenkdysplasie sollten nicht mehr in und/oder aus dem Kofferraum des Autos springen müssen. Daher ist es sehr wichtig, mit Tierärztin oder Tierarzt genau zu klären, welche Gefahren bei welcher Erkrankung bestehen und wie man seinen Hund davor bewahren kann.

In vielen Fällen hilft einem älteren Hund gezielte Physiotherapie, zum Beispiel mit Massagen und Krankengymnastik (siehe Abschnitt Physiotherapie Seite 83).

Nicht mehr ganz fit und doch in Bewegung

Ein Hund mit körperlichen Beschwerden muss nicht „ruhig gestellt" werden. Im Gegenteil – bei vielen Erkrankungen ist wohldosierte Bewegung entscheidend für die Prognose einer Erkrankung bzw. den Heilungsprozess. Bei akuten Problemen kann es aber durchaus notwendig sein, die Aktivität für einen bestimmten Zeitraum deutlich zurückzuschrauben. Welche Art und welches Maß an Bewegung geeignet ist, muss im Einzelfall mit der Tierarztpraxis besprochen werden. Bei manchen Hunden kann es

Schwimmen ist für übergewichtige Hunde mit Arthrose eine empfehlenswerte körperliche Betätigung. (Foto: Tina Rencelj/Shutterstock)

Welche Bewegung ist für meinen Hund geeignet?

Bewegungsart	Ideale Durchführung	Vorteile	Nachteile	Geeignet für:
Spaziergang	Täglich mehrmals eine halbe bis eine Stunde.	Gleichmäßige Bewegung, bei der der Hund über das Tempo selber entscheiden kann. Ermöglicht viele Sinneseindrücke (Kontakt zu Artgenossen, Gerüche).	Für temperamentvolle oder gut trainierte Hunde nicht immer ausreichend.	Alle älteren Hunde.
Fahrradfahren/ Joggen	Wenn, dann regelmäßig, vorheriges Aufwärmen ist wichtig, Tempo und Strecke sind der Größe und Fitness des Hundes anpassen. Der Hund sollte dabei nicht nur auf Asphalt laufen, sondern unterschiedliche Böden zur Auswahl haben.	Macht vielen Hunden Freude, gleichmäßiger Bewegungsablauf. Ist geeignet, um Hunden mit hohem Bedarf an Bewegung gerecht zu werden. Tempo und Strecke können individuell an die Fitness des Hundes angepasst werden.	Gelenke und Kreislauf können bei überhöhtem Tempo, mangelnder Aufwärmphase, zu weiten Strecken und hohen Außentemperaturen überfordert werden.	Alle Hunde, die keine Probleme mit Herz und Gelenken haben. Nicht geeignet bei hohen Außentemperaturen und schwül-warmem Klima.
Ballspielen/ Hundesport	Wenn, dann regelmäßig, vorher und nachher aufwärmen beziehungsweise abkühlen. Form und Umfang sind an die Fitness des Hundes anpassen.	Macht vielen Hunden Freude, bringt mehr Bewegung als ein Spaziergang, fordert den Hund physisch und psychisch, kann individuell gestaltet werden.	Gelenke und Kreislauf werden zum Teil ungleichmäßig und stark belastet.	Alle trainierten älteren Hunde, die keine Probleme mit Gelenken, Lunge, Herz oder Kreislauf haben.
Schwimmen	Wenn, dann regelmäßig.	Gleichmäßiger Bewegungsablauf, schont Gelenke und Kreislauf. Hund kann Tempo und Maß der Bewegung selber mit bestimmen.	Saisonal an Außentemperaturen gebunden, nicht in der kalten Jahreszeit.	Alle älteren Hunde.
Krankengymnastik/ Physiotherapie	Siehe Kapitel Physiotherapie Seite 83, weiterführende Übungen in Absprache mit der Tierarztpraxis.	Gezielte, gesundheitsfördernde Bewegungsabläufe.	Keine.	Alle älteren Hunde vorbeugend oder im Rahmen der Behandlung von Krankheiten.

Kapitel 5

Die richtige Ernährung

Das A & 0 für ein langes Leben – altersgerecht füttern!

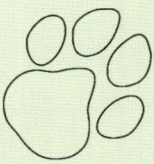

Wir alle wissen aus eigener Erfahrung, dass die Ernährung nicht allein dazu dient, den Körper mit allen notwendigen Nährstoffen und ausreichend Energie zu versorgen. Gleiches gilt auch für unseren Hund! Eine gesunde und ausgewogene Ernährung kann viel mehr, sie ist ein unverzichtbarer Beitrag zur Gesundheit und somit ein Wegbereiter für ein langes, vitales Leben.

Die in der Vergangenheit erzielten Fortschritte in der medizinischen Versorgung und auf dem Gebiet der Tierernährung haben zu einem Anstieg der Lebenserwartung von Hunden beigetragen.

Ganz grundsätzlich gibt es zahlreiche Faktoren, die beeinflussen, wie alt unsere Tiere tatsächlich werden. Neben der genetischen Komponente spielt bei unseren Hunden die

Eine altersgerechte Ernährung kann die Gesundheit und das Wohlbefinden des älteren Hundes fördern (Foto: Royal Canin)

Größe eine wesentliche Rolle: Kleine Hunde (bis 10 kg) werden am ältesten – ihre Lebenserwartung liegt zwischen 11 und 14 Jahren. Große Hunde (26 - 44 kg) erreichen dagegen nur ein deutlich geringeres Lebensalter.

Neben diesen „naturgegebenen" Aspekten wirken sich Haltung, Pflege und insbesondere die Ernährung auf die Lebenserwartung aus. Eine ausgewogene und hochwertige Ernährung ist grundsätzlich in jeder Lebensphase wichtig, im fortgeschrittenen Alter gewinnt sie jedoch zunehmend an Bedeutung. Mit ihrer Hilfe kann altersbedingten Veränderungen, wie zum Beispiel Verdauungsbeschwerden, begegnet und die Nierenfunktion unterstützt werden. Die rechtzeitige Umstellung auf eine altersgerechte Nahrung ermöglicht es, Einfluss auf Gesundheit und Wohlbefinden des älteren Tieres zu nehmen.

Ganz wichtig ist dabei natürlich, und deshalb sei an dieser Stelle nochmal besonders darauf hingewiesen: Der Baustein für eine hohe Lebenserwartung wird bereits in jungen Jahren gelegt. Als „Ernährungsmotto" gilt folglich: Früh gesund füttern bedeutet später länger Freude haben!

Besitzern eines vierbeinigen Senioren sei deshalb der **rechtzeitige** Wechsel auf eine altersgerechte Nahrung „ans Herz" gelegt. Mit Hilfe der Ernährung leistet man nicht nur Vorbeuge, es können sogar altersspezifische Erkrankungen wie Herz-, Nieren- oder Lebererkrankungen nachweislich gelindert, verlangsamt oder sogar verhindert werden. Letztlich genießen ältere Tiere allein aufgrund besserer Möglichkeiten im Rahmen der Fütterung eine höhere Lebensqualität als ihre Artgenossen früherer Jahre. Aufgrund des wesentlichen Beitrages zur Gesundheit alter Tiere sollte jeder Tierarzt/jede Tierärztin bei dem jährlichen Alterscheck auch eine Fütterungsempfehlung geben.

Kennen Sie schon das ROYAL CANIN SENIOR LIFE Programm? Fragen Sie doch einmal in Ihrer Tierarztpraxis danach. Bei dem kostenlosen SENIOR LIFE Bio-Check wird getestet, wie fit Ihr Tier ist. Hierbei sind keine schwierigen Übungen durchzuführen, es geht lediglich um das Ausfüllen eines Fragebogens. Auf diesem werden Ihnen einige spezielle Fragen zu Ihrem Vierbeiner gestellt. Mit den Antworten erhält man frühzeitige Hinweise auf altersbedingte Erkrankungen und kann dann mit dem Tierarzt/der Tierärztin einen Vorsorgeplan erstellen. Dieser umfasst die richtige Ernährung, Tipps zur Bewegung und natürlich Angaben zur Anwendung von notwendigen Medikamenten. So erhalten Sie die Möglichkeit, Ihren Hund umfassend zu versorgen und möglichen Erkrankungen rechtzeitig zu begegnen. Früherkennung bringt Lebensjahre!

Wann ist mein Hund eigentlich alt?

Der Alterungsprozess beginnt allmählich. Die ersten Anzeichen werden oft gar nicht erkannt. Deshalb ist es wichtig, über die ersten Symptome informiert zu sein und ins-

Größe	Ausgewachsener junger Hund	Älterer Hund
Kleine Hunde Endgewicht 1 – 10 kg	**10 Monate bis 8. Lebensjahr**	**älter als 8 Jahre**
Mittelgroße Hunde Endgewicht 10 – 25 kg	**12 Monate bis 7. Lebensjahr**	**älter als 7 Jahre**
Große Hunde Endgewicht 25 – 45 kg	**15/18 Monate bis 5. Lebensjahr**	**älter als 5 Jahre**
Sehr große Hunde Endgewicht 45 – 90 kg	**älter als 18/24 Monate**	

Wann ein Hund „alt" ist, hängt von verschiedenen Faktoren ab.

besondere zu wissen, wann die Alterung einsetzt. Bei kleinen Hunden (bis 10 kg) beginnt die Alterung ab dem achten. Lebensjahr. Mittelgroße Hunde (11 – 25 kg) gehen mit sieben Jahren in die Seniorenphase über, große und sehr große Hunde (> 25 kg) schon sehr früh, ab dem fünften. Lebensjahr.

Was ändert sich konkret?

Mit den Jahren verändert sich der Stoffwechsel des Hundes und damit sein Nährstoffbedarf. So verschiebt sich im Alter, ähnlich wie beim Menschen, das Verhältnis von Muskel- zu Fettgewebe. Der Anteil an Muskelmasse nimmt ab, der Anteil an Fettgewebe zu. Besonders auffällig ist dies im Bereich der unteren Rippen. Die Folge ist die typische Figur vieler älterer Hunde. Der Senior erscheint dann nicht mehr so athletisch.

Dies bedeutet aber nicht, dass Ihr Hund im Alter zwangsläufig dick werden muss. Im Gegenteil, mit der richtigen Ernährung und ausreichend Bewegung bleibt er nach wie vor gut in Form.

Der *Geruchssinn* ist eingeschränkt, da die Zahl der Riechzellen abnimmt. So kann es sein, dass ein ehemals guter Fresser häufiger fressunlustig ist. Deshalb, aber auch aufgrund von häufig bestehenden Zahnproblemen, leiden viele ältere Tiere unter Appetitlosigkeit.

Die *Niere* ist das erste Organ, welches in seiner Tätigkeit nachlässt. Die Ernährung muss dieser Tatsache unbedingt Rechnung tragen! In höherem Alter leidet die Fellqualität. Oft sieht das Haarkleid stumpf und schütter aus. Vielfach bestehen Schuppenbildung und Haarausfall sowie die Tendenz zu Verfilzungen.

Die *Verdauung* bereitet den Tieren jetzt des Öfteren Schwierigkeiten. Verstopfungen oder Durchfälle können die eingeschränkte Verdauungstätigkeit kennzeichnen.

Ganz häufig ist die Beweglichkeit der Senioren eingeschränkt, da Arthrosen den Tieren zu schaffen machen. Hier besteht neben dem Alter ein zusätzliches Risiko bei Übergewicht und Hunden mit einem Gewicht über 25 kg.

Das *Immunsystem* zeigt sich anfällig; die Abwehrkräfte lassen nach. Deshalb steigt das Risiko für Erkrankungen. Durch so genannte „freie Radikale" (giftige Stoffwechselprodukte) kommt es außerdem zum *Angriff auf die Körperzellen* und in der Folge zu Erkrankungen.

Auf den Punkt gebracht: Was kann die Ernährung leisten?

Eine altersgerechte Nahrung sollte die genannten Besonderheiten älterer Vierbeiner berücksichtigen! Lesen Sie auf den folgenden Seiten worauf es ankommt!

Gerne fressen müssen sie es....

Vorab gesagt: Frisst Ihr Senior nur gelegentlich weniger als üblich, so ist dies kein Grund zur Sorge. Wie wir Menschen haben auch Hunde mal mehr und mal weniger Appetit. Im Sommer zum Beispiel, bei schwülen und sehr hohen Temperaturen, lässt ein Hund sein Futter schon mal links liegen. Viele Hündinnen haben rund um ihre Läufigkeit weniger Hunger. Es gibt also ganz normale Dinge, die unserem Vierbeiner manchmal „auf den Magen schlagen" können! Hilfreich ist in diesem Zusammenhang auch, nie zu vergessen, dass der Hund vom Wolf abstammt. Wie sein Vorfahre hat auch der Hund – egal ob Chihuahua oder Bernhardiner – einen großen Magen, der als Speicher dient. Die Aussage: „Ein gesunder Hund ist noch nicht vor dem vollen Napf verhungert" stimmt also absolut. Was soll uns das sagen? Frisst ein Hund mal einen Tag nicht so wie sonst, ist aber ansonsten fit, so ist dies im Grunde ein vollkommen normales Verhalten. Denken Sie hier nicht menschlich! Oftmals nutzen die Hunde ihre besondere „Fähigkeit" auch, um sich „durchzusetzen" und dann einen extra Leckerbissen zu erobern. Schamlos verweigern sie die Nahrung, schauen Sie Mitleid erheischend an und hoffen, dass etwas ganz besonderes geboten wird. Hand aufs Herz – wer ist da nicht schon mal schwach geworden und hat das Leberwurstbutterbrot geschmiert, was begeistert genommen wurde? Gerade junge Hunde versuchen sich auf diesem Wege zu behaupten und ihre Hierarchie in dem „Familienrudel" abzuklären. Aber Achtung! Auch wenn Sie einen Senioren haben, weiß er immer noch, wie das Spiel funktioniert. Natürlich ist gegen das eine oder andere Leckerchen nichts einzuwenden. Bedenkt man aber, dass im Alter bestimmte Punkte wie eine Reduktion des Phosphorgehaltes zur Nierenschonung wesentlich sind, so ist diese Zufütterung eher kontraproduktiv. Bei kranken Hunden, die eine Diät erhalten, ist jede Abweichung oder Zufütterung abzulehnen. Bleiben Sie deshalb auch im Alter konsequent bei der Fütterung. Es ist keine Tierquälerei, sondern im Gegenteil ganz im Sinne des Hundes!

Die genannte vorübergehende Appetitlosigkeit ist unbedenklich. Problematisch wird es erst, wenn ein Hund gar nicht mehr oder über mehrere Tage wenig frisst. Dies kann ein Alarmzeichen für eine ernsthafte Erkrankung sein. Häufig sind bei älteren Vierpfotlern ein nachlassender Geruchssinn und schlechtere Zähne die Ursache. Das gewohnte und bisher „heiß geliebte" Futter wird dann verschmäht. Im schlimmsten Fall können Gewichtverlust und schlechtes Allgemeinbefinden daraus resultieren.

Was tun? Die Lösung liegt darin, die Nahrung so attraktiv wie möglich zu „gestalten". Bei der Verwendung von Trockennahrung sollten Sie zunächst darauf achten, dass Ihr vierbeiniger Freund diese gut fressen kann. Sind die Brocken bzw. Kroketten an das Gebiss angepasst? Kann der Hund sie gut aufnehmen und zerkauen? Bereiten die Kroketten dem Hund Schmerzen, so wird er sie ablehnen. Eine altersgerechte Nahrung sollte diesen

Ein neues Konzept der ganzheitlichen Akzeptanz

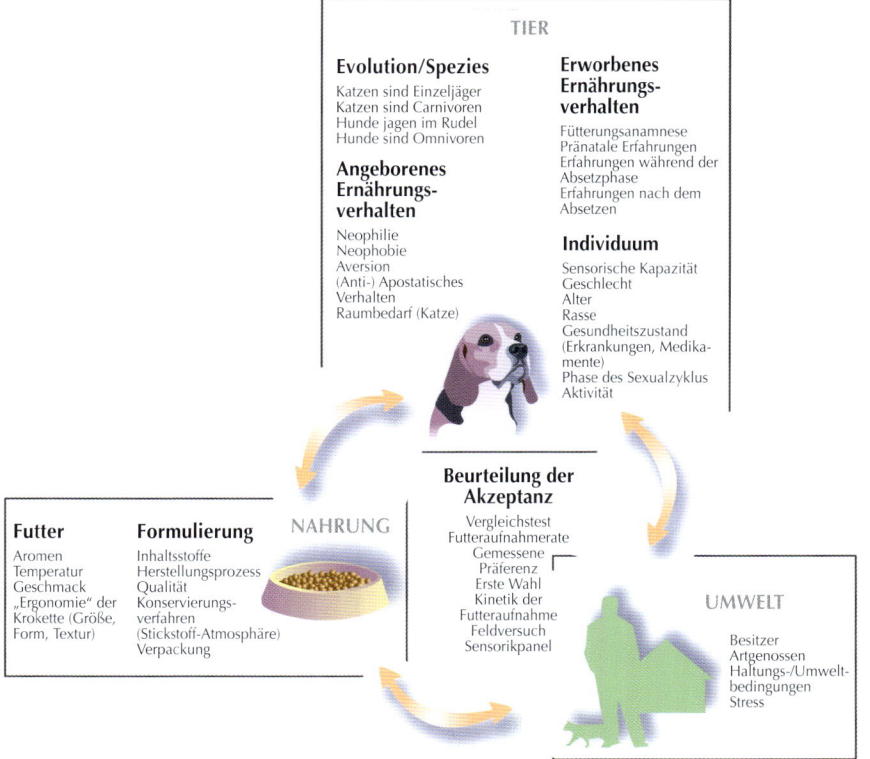

TIER

Evolution/Spezies
Katzen sind Einzeljäger
Katzen sind Carnivoren
Hunde jagen im Rudel
Hunde sind Omnivoren

Angeborenes Ernährungsverhalten
Neophilie
Neophobie
Aversion
(Anti-) Apostatisches Verhalten
Raumbedarf (Katze)

Erworbenes Ernährungsverhalten
Fütterungsanamnese
Pränatale Erfahrungen
Erfahrungen während der Absetzphase
Erfahrungen nach dem Absetzen

Individuum
Sensorische Kapazität
Geschlecht
Alter
Rasse
Gesundheitszustand (Erkrankungen, Medikamente)
Phase des Sexualzyklus
Aktivität

NAHRUNG

Futter
Aromen
Temperatur
Geschmack
„Ergonomie" der Krokette (Größe, Form, Textur)

Formulierung
Inhaltsstoffe
Herstellungsprozess
Qualität
Konservierungsverfahren
(Stickstoff-Atmosphäre)
Verpackung

Beurteilung der Akzeptanz
Vergleichstest
Futteraufnahmerate
Gemessene Präferenz
Erste Wahl
Kinetik der Futteraufnahme
Feldversuch
Sensorikpanel

UMWELT
Besitzer
Artgenossen
Haltungs-/Umweltbedingungen
Stress

Viele verschiedene Faktoren beeinflussen, ob ein Hund eine Nahrung annimmt (Grafik: Royal Canin/ Diffomedia-Masure)

Aspekt berücksichtigen und eine weiche Textur aufweisen. Außerdem sind hochwertige Inhaltsstoffe entscheidend, damit der eingeschränkte Geruchssinn angesprochen wird. Hier spielen in erster Linie Fette und Proteine eine Rolle. Es klingt banal, aber legen Sie auch besonderen Wert auf die Frische und die Verpackung der Nahrung. Nachlassende Frische und Geruch der Nahrung begeistern keinen Hund! Am besten lagern Sie das Futter in einer Futtertonne, die Sie nach jeder Entnahme wieder fest verschließen können. Auch wenn große Gebinde günstiger sind, entscheidend ist, dass Sie das Futter schnell verfüttert bekommen, da auch zu „altes Futter" nicht mehr so gerne gefressen wird.

Neben den genannten Punkten kann man durch kleine Tricks die Akzeptanz der Nahrung noch erhöhen. Bei Dosenfutter lässt sich das Aroma zum Beispiel zusätzlich durch Erwärmen verstärken, bei Trockenfutter durch Übergießen mit lauwarmem Wasser.

Gewicht erhalten durch optimale Kalorienkontrolle!

Ältere Tiere neigen zum Abbau von Muskelmasse und Zunahme des Köperfetts. Einige Hunde verlieren an Gewicht, während andere wiederum die Tendenz haben zu viele Pfunde anzusetzen. Da die Stoffwechselrate in Fettgewebe viel niedriger ist als in Muskelgewebe, werden beim Umsatz der Nährstoffe weniger Kalorien verbraucht (reduzierter Erhaltungsbedarf). Hinzu kommt, dass ältere Hunde meist nicht mehr so aktiv sind wie in jungen Jahren

(reduzierter Leistungsbedarf). Die Kombination aus diesen beiden Tatsachen führt dazu, dass ältere Hunde im Schnitt rund 20 Prozent weniger Kalorien verbrennen. Aus diesem Grund sollte eine Nahrung für ältere Tiere durch einen angepassten Energie- bzw. Fettgehalt gekennzeichnet sein. Beachtet werden müssen dabei Punkte wie die Aktivität und die Haltung des Vierbeiners: Senioren, die im Haus leben, benötigen sicher weniger Kalorien als ihre draußen lebenden Artgenossen. Im hohen Alter noch im Sport aktive Hunde brauchen mehr Brennstoff als schon eingeschränkt bewegliche Tiere mit Hang zu Übergewicht.

Beobachten Sie also Ihr Tier genau und machen Sie den Gewichtscheck. Zu wenig Energie bedingt Abmagerung, die allgemein zur Schwächung Ihres Lieblings beitragen kann. Ein zu viel des Guten wiederum kann in der Konsequenz zu Übergewicht führen. Beides ist nicht gut! Das gesunde Mittelmaß ist richtig!

Übergewichtige alte Hunde sehen nicht nur unschön aus und müssen auf „den alten Knochen" zu viele Pfunde mit herumschleppen, es drohen auch viele Begleitrisiken wie zum Beispiel Diabetes mellitus (Zuckerkrankheit) und Gelenkbeschwerden. Wussten Sie in diesem Zusammenhang eigentlich schon, dass Hunde, die in jungen Jahren dick waren, ein 1,5fach höheres Risiko haben auch im Seniorenalter dick zu sein?

Eiweiße – Quelle des Lebens!

Immer wieder hört man es: „Wenn dein Hund alt ist, so füttere ihm weniger Proteine".

Schade, denn gerade die Eiweiße sind es, die für den Erhalt der Körpersubstanz beim alten Tier Sorge tragen. Möchte man die Funktion von Eiweißen auf den Punkt bringen, so lautet das Stichwort „Baustoffe des Körpers". Schließlich geht dem Körper mit zunehmendem Alter sehr wertvolle Muskelmasse verloren und diese besteht fast ausschließlich aus Protein. Leuchtet es da nicht ein, dass gerade bei einem Senioren ein besonderer Bedarf an dem Baustoff Protein besteht?

Proteine sind übrigens nicht nur Baustein von Muskeln, sondern auch von Bindegewebe, Haut, Haar und Immunsystem. Überall hier lassen sich beim Senioren Schwächen erkennen und deshalb wäre die folgende Aussage eigentlich wünschenswert: „Ist dein Hund älter, so gönne im ausreichend Proteine von hoher Qualität in der Nahrung. So wirkst Du Abbauvorgängen entgegen und hältst ihn fit".

Entscheidend ist natürlich neben der ausreichenden Menge die Qualität aller Nährstoffe, insbesondere der Eiweiße (Proteine). Sie sollten hochwertig, bzw. hochverdaulich sein. Der Begriff Verdaulichkeit besagt, dass die Qualität von einem Eiweiß umso besser ist, je mehr eigene Körpersubstanz daraus aufgebaut werden kann. Einfach ausgedrückt bedeutet es, dass die Eiweiße umso hochwertiger sind, je besser sie im Darm aufgeschlüsselt und anschließend als Bausteine genutzt werden können.

So werden hochwertige Eiweißquellen wie Muskelfleisch oder Weizengluten zum Großteil schon im vorderen Bereich des Darmes, also im Dünndarm, verdaut. Als

Stoffwechselprodukte fallen dabei hauptsächlich Aminosäuren und Peptide an, die aus dem Darm ins Blut aufgenommen werden können, also gut nutzbar sind. Nur ein kleiner Anteil dieser Eiweiße ist nicht verwertbar und gelangt in den Dickdarm.

Warum ist das so entscheidend? Im Dickdarm des Hundes leben Bakterien, die bei schlechter Eiweißqualität viele unverdaute „Eiweißreste" erhalten und diese in einem mikrobiellen Zersetzungsprozess vergären. Hierbei entstehen Stoffe, wie Ammoniak und Schwefelwasserstoff, die insgesamt Durchfälle oder Blähungen verursachen können. Außerdem werden die Leber und die Niere durch diese Stoffwechselprodukte belastet, da diese die Entgiftung vornehmen müssen. Da die Funktion dieser Organe bei älteren Hunden ohnehin schon eingeschränkt sein kann, sollte ein Qualitätsfutter für Senioren vornehmlich hochwertiges Protein enthalten.

Merke!

Der Proteingehalt in einer Nahrung für Ihren Senioren muss nur dann gesenkt werden, wenn beim jährlichen Senioren-Check festgestellt wurde, dass die Harnstoff- und Kreatininwerte im Blut verändert sind. Sind diese beiden Blutparameter nämlich erhöht, gibt das einen Hinweis auf eine reduzierte Nierenfunktion und in diesem Fall ist eine Reduzierung des Proteingehaltes wesentlich, um die Produktion von Harnstoff zu vermindern. Harnstoff ist ein Endprodukt des Proteinstoffwechsels, welches über die Niere ausgeschieden werden muss!

Verdauungs-beschwerden vorbeugen!

Haben Sie eigentlich schon gewusst, dass Hunde im Vergleich zu uns Menschen viel verdauungssensibler sind? Hintergrund sind anatomische Besonderheiten, wie ein im Verhältnis zum Körpergewicht kürzerer Darm und eine geringere Verdauungszeit. Beide Faktoren begünstigen das Auftreten von Verdauungsproblemen beim Hund.

Da verwundert es nicht, dass Fütterungsfehler oder Stress sehr leicht zu Durchfall führen können!

Verdauungstrakt (schematisch dargestellt)

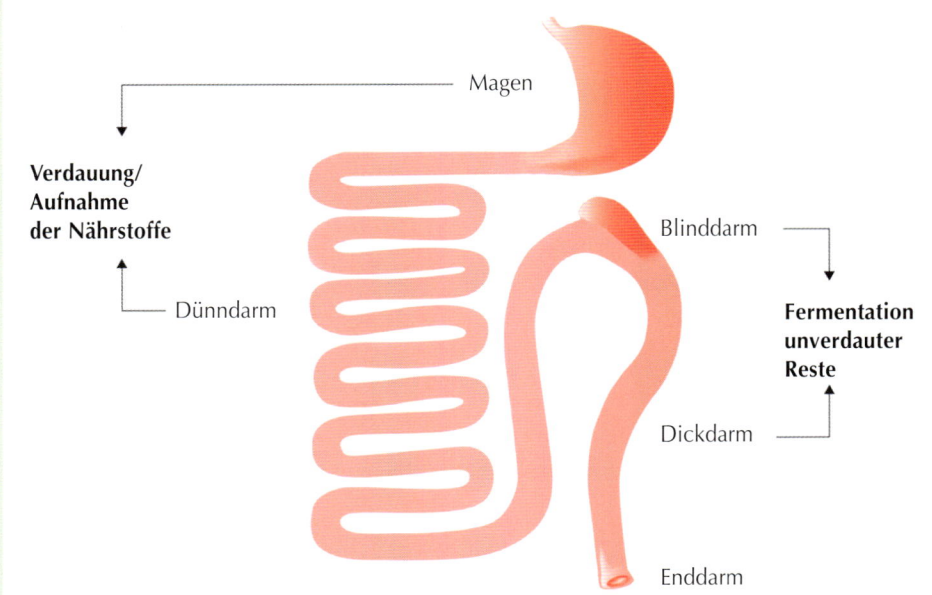

Der Verdauungstrakt des Hundes ist deutlich empfindlicher als der des Menschen. Daher ist eine hoch verdauliche, gut verträgliche Nahrung besonders wichtig.(Grafik: Royal Canin/ Diffomedia-Masure)

Größere Hunde sind übrigens besonders benachteiligt. Untersuchungen belegen, dass bei den „Großen" die Durchlässigkeit der Darmwände größer ist, so dass immer mehr Wasser in das Darmlumen zurückfließt. Außerdem verweilt die Nahrung länger bei den Dickdarmbakterien. Die Folge ist eine erhöhte Gärtätigkeit dieser Mikroorganismen, was das Auftreten von Blähungen und Durchfall begünstigt.

Ziel einer optimalen Fütterung sollte es also im gesamten Hundeleben sein, hoch verdauliche, gut verträgliche Nahrung zu füttern. Im höheren Alter des Tieres gewinnt dieser Punkt jedoch besonders an Gewicht, da die Verdauungskapazität zusätzlich eingeschränkt ist und Nährstoffe nicht mehr so gut ausgenutzt werden können. Beschwerden wie Durchfall oder Verstopfung treten jetzt noch häufiger auf. Verwendet man nun eine Nahrung für ältere Tiere von hoher Qualität, wird diese nicht nur gerne gefressen, sondern auch gut vertragen. Kennzeichnend für eine prima Verträglichkeit sind geringe Mengen von „wohlgeformtem" Kot und die Tatsache, dass Ihr Vierbeiner ohne Probleme sein „Geschäft" erledigen kann.

Worauf sollten Sie achten?

■ Legen Sie besonderen Wert auf hochwertige Proteinquellen tierischer und pflanzlicher Herkunft, die im Dünndarm fast vollständig verwertet werden können und so zu einer optimalen Verdauung beitragen. Beispiele sind Geflügeleiweiß oder Weizengluten.

■ Auf die Fasern kommt es an! Sogenannte fermentierbare Fasern, wie zum Beispiel Fructo-Oligosaccharide (FOS) oder Rübentrockenschnitzel können von den natürlichen Darmbakterien als Nahrungsquelle genutzt werden und sorgen auf diese Weise für die Gesunderhaltung von Darmflora und Darmschleimhaut. Auch unverdauliche Fasern wie zum Beispiel Maisfasern sind unverzichtbar. Allerdings sind diese nicht für die Darmbakterien von Vorteil, sondern sie regulieren die Darmmotorik.

■ Fischöl sollte enthalten sein, da es als Lieferant für Omega 3 Fettsäuren eine Vorstufe von antientzündlich wirksamen Hormonen bietet und eine antientzündliche Wirkung besitzt.

Kennen Sie schon Mannan-Oligosaccharide (MOS)?

Es handelt sich dabei um ganz spezielle Fasern, die man in hochwertiger Nahrung für ältere Hunde findet. MOS werden aus Bierhefe gewonnen und haben gleich doppelt positive Wirkungen auf den Darm und auf das Immunsystem der Senioren:

■ Sie fördern die lokale Antikörperproduktion im Darm.

■ Sie unterdrücken das Anheften von pathogenen (krankmachenden) Keimen im Darm des Hundes.

Achten Sie doch einfach mal darauf, was in der Nahrung Ihres Hundes an speziellen „verdauungsunterstützenden" Inhaltsstoffen enthalten ist.

MOS: Schutz der Darmschleimhautschleimhaut

MOS verhindern, dass sich pathogene Bakterien in die Darmschleimhaut einnisten

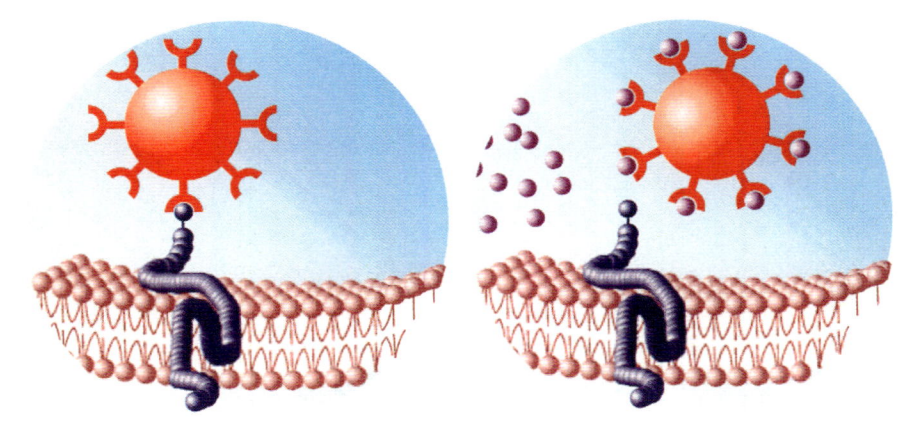

Mannan-Oligosaccharide tragen zum guten Gleichgewicht der Bakterienflora im Darm bei und sorgen direkt und indirekt für einen gesunden Verdauungstrakt. (Grafik: Royal Canin/ Diffomedia-Masure)

Fütterungstipps für Senioren im Überblick!

- Verwenden Sie eine Nahrung, die die altersgerechten Besonderheiten von Hunden berücksichtigt.
- Die Nahrung sollte hochwertig sein und dadurch gut verträglich.
- Füttern Sie viele kleine Mahlzeiten. Kleinere Portionen belasten weniger und werden oft besser aufgenommen als „Riesenmahlzeiten".
- Halten Sie einen konstanten Fütterungsrhythmus ein.
- Verzichten Sie auf die Zufütterung von Mineralstoffen und Vitaminen zu einer bereits angepassten, ausgewogenen Nahrung.
- Kalkulieren Sie Leckerlis in die Tagesration mit ein, um eine Überfütterung zu vermeiden.
- Wiegen Sie die angegebenen Tagesrationen genau ab.
- Bei Erkrankungen, wie zum Beispiel Leberschäden, Niereninsuffizienz oder Übergewicht sollte eine Spezialdiät vom Tierarzt verwendet und ausschließlich verfüttert werden.
- Verzichten Sie auf den Mix diverser Nahrungen. Aufgrund der generellen Verdauungsempfindlichkeit und der altersbedingten Sensibilität vertragen ältere Hunde diese Fütterungspraxis oft nicht gut und Durchfall wird begünstigt.

Auch im Alter strahlend schön! Was die Ernährung für Haut und Fell bedeutet!

Im Alter haben Vierbeiner häufig ein schlechteres Haarkleid als in jungen Jahren. Ihre Haut wird zudem anfälliger für Erkrankungen. Durch den verlangsamten Stoffwechsel werden Haut und Haar nicht mehr so gut mit Nährstoffen versorgt. Folge davon können Qualitätsmängel, wie struppiges Fell oder ständiger Haarausfall sein.

Grund genug also darauf zu achten, dass das Seniorenfutter auch die Gesundheit von Haut und Haar unterstützt. Achten Sie unter anderem auf essenzielle (= lebensnotwendige) Omega 3 und Omega 6 Fettsäuren aus Ölen pflanzlichen (Borretschöl, Sojaöl) und tierischen Ursprungs (Fischöl). Sind sie enthalten?

Aufbau eines Haares

Haarschaft

Haut

Talgdrüse

Haarfollikel

Eine widerstandsfähige Haut und ein glänzendes Fell kann durch die Nahrung gefördert werden.(Grafik: Royal Canin)

Die Kombination dieser Fettsäuren sorgt für glänzendes Fell. Die Omega 3 Fettsäuren aus dem Fischöl fördern sogar die Bildung antientzündlich wirksamer Hormone.

Und auch jetzt kommt es wieder auf die Proteine an! Immerhin besteht ein Haar zu mehr als 90 Prozent aus Eiweiß!

Da insgesamt die Ausnutzung von hautspezifischen Vitaminen wie Biotin nicht mehr so gut ist, sollte die Nahrung einen ausgewogenen Mix an Vitaminen und Mineralstoffen haben.

Wussten Sie schon, dass es durch die Ernährung möglich ist, die Hautbarriere zu stärken? Unter der Hautbarriere versteht man die oberen Hautschichten, die durch Ceramide (Hautfette) zusammengehalten werden. Je mehr von diesen Ceramiden gebildet wird, umso stabiler ist die Hautbarriere. Der Körper ist so besser geschützt vor äußeren Einflüssen, dem Eindringen von Allergenen und der Austrocknung der Haut. Immerhin ist die Haut das größte Organ des Körpers. Eine spezielle Kombination aus Vitaminen und Aminosäuren in der Nahrung für Hundesenioren vermag die Produktion dieser Hautfette, und auf diesem Wege eine gesunde Haut und ein schönes Haarkleid zu fördern.

Gelenkgesundheit unterstützen!

Gelenkerkrankungen kommen bei Hunden häufig vor. Neben der Größe des Hundes stellt

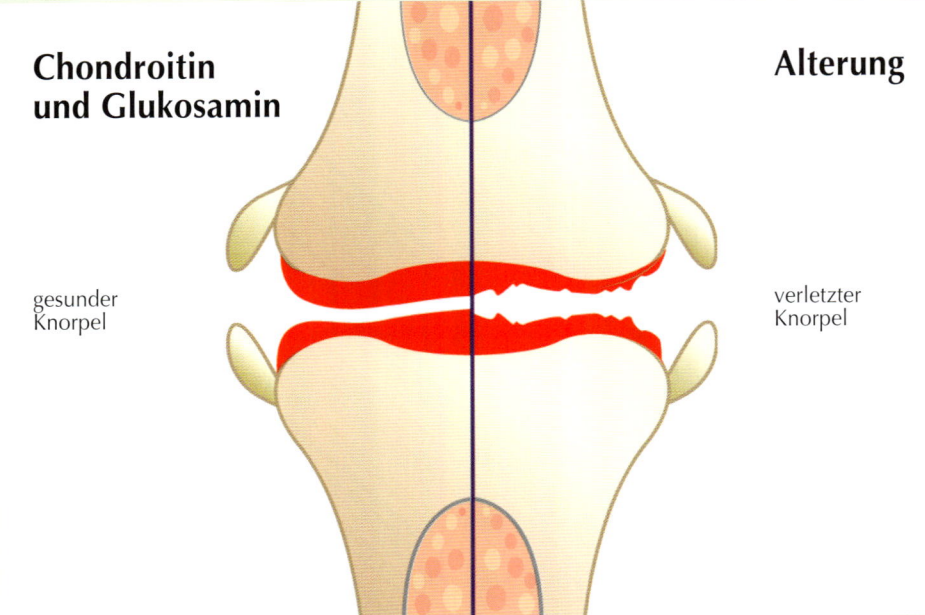

Chondroitin und Glukosamin

Alterung

gesunder Knorpel

verletzter Knorpel

Durch den Zusatz an natürlichen Knorpelbestandteilen, wie Chondroitinsulfat und Glukosamin, zur Nahrung kann man die Gelenkgesundheit hervorragend unterstützen. (Grafik: Royal Canin)

zunehmendes Alter einen Risikofaktor dar. Insbesondere die Gelenke großer Hunde sind gefährdet. So zählen 45 Prozent aller Arthrosepatienten zu den großen Rassen.

Wichtig ist: Reagieren Sie nicht erst, wenn es „zu spät" ist, sondern denken Sie an rechtzeitige Vorsorge. Erfreulich ist nämlich, dass Sie durch eine optimale Ernährung die Gelenkgesundheit Ihres Vierbeiners frühzeitig unterstützen können und ihn so im wahrsten Sinne des Wortes fit und in Form halten!

Durch den Zusatz von natürlichen Knorpelbestandteilen wie Chondroitinsulfat und Glukosamin in der Nahrung kann man die Gelenkgesundheit hervorragend unterstützen.

Chondroitinsulfat bekämpft den Abbau von Knorpelzellen und weist außerdem eine hohe Wasserbindungsfähigkeit auf. Dadurch hält es den Knorpel geschmeidig. Glukosamin stimuliert die Synthese von natürlichen Knorpelsubstanzen (Glykosaminoglykanen) und ergänzt die Wirkung von Chondroitinsulfat.

Je nach Hersteller gelangen diese „Gelenkstoffe" oder Chondroprotektiva (Knorpelschutzstoffe) auf unterschiedlichem Wege in die Nahrung. So kann Chondroitinsulfat zum einen aus der Luftröhre von Schlachttieren gewonnen werden, auf der anderen Seite aber auch durch den Zusatz der Neuseeländischen Grünlippmuschel (GLM) ins Futter gelangen. Letztere findet man oft in hochwertiger Diätnahrung für „arthrosegeplagte" Tiere. Das Muschelfleisch beinhaltet zahlreiche Nährstoffe, die sich positiv auf die Gelenkgesundheit auswirken! Neben Chondroitinsulfat ist hier insbesondere eine einzigartige Fettsäure zu nennen, die einen antientzündlichen Einfluss ausübt.

- Neben den genannten Chondroprotektiva ist auch der Zusatz von Fischöl „gelenkfreundlich". Fischöl enthält nämlich zwei spezielle Fettsäuren, die als Vorstufen von antientzündlich wirksamen Hormonen die Gelenkgesundheit fördern.
- Die bereits zuvor angesprochenen Antioxidantien schützen übrigens auch die Knorpelzellen vor dem Einfluss schädlicher Stoffwechselprodukte (freier Radikale)!

freie Radikale

zerstörte Zelle   normale Zelle

Freie Radikale können Körperzellen schädigen. (Grafik: Royal Canin/ Diffomedia-Masure)

Immunsystem „in Form halten" - Antioxidantien kontra freie Radikale

Bei vielen Stoffwechselvorgängen entstehen als Abfallprodukte sogenannte „freie Radikale". Es handelt sich dabei um aggressive Moleküle, die Körperzellen schädigen können. Damit scheinen sie eine entscheidende Rolle beim Alterungsprozess und der Entstehung von Krankheiten zu spielen. Grund genug, um an „Bekämpfungsstrategien" zu denken. Als wirksame „Waffen" haben sich natürliche Antioxidantien wie Karotinoide (ß-Carotin, Lutein) und Vitamin C und E in der Nahrung erwiesen. Sie können freie Radikale abfangen und neutralisieren. Aber auch andere

Nährstoffe wie Selen, Kupfer, Zink und die Aminosäure Taurin sind hierzu in der Lage. Diese Erkenntnis ist in der Zusammensetzung von altersgerechten Tiernahrungen berücksichtigt worden. So konnte in einer Studie gezeigt werden, dass eine spezielle Mischung aus Vitamin C & E, Taurin und Lutein zu einem erhöhten Gehalt dieser natürlichen Antioxidantien im Blut führte, was wiederum die körpereigene Abwehr älterer Hunde stärkte. Darüber hinaus konnte Folgendes gezeigt werden: Hunde, die die Nahrung mit dem Antioxidantienkomplex erhielten, zeigten eine bessere Antikörperbildung als Reaktion auf eine Tollwutimpfung als ihre Artgenossen, die die identische Nahrung fraßen, jedoch ohne diese Schutzstoffe.

■ Achten Sie doch beim nächsten Futterkauf einmal darauf, ob die Nahrung für Ihren alten Freund natürliche Antioxidanzien, also Schutzstoffe enthält. Die Körperzellen werden so vor schädlichen Angriffen geschützt und das Immunsystem wird gestärkt.

■ Abwehrkraft aus der Hefe: Mannan-Oligosaccharide sind in der Zellwand von Bierhefe enthalten und haben einen doppelten Effekt auf das Immunsystem der Alten. Zum einen können sie im Darm die Bildung von Antikörpern steigern, zum anderen stärken sie die „guten" Bakterien im Darm und unterdrücken so die krankmachenden (=pathogenen) Bakterien.

Und noch mehr ist möglich....

Bei älteren Hunden kann zum Beispiel durch L-Carnitin die Herzfunktion unterstützt werden. Eine angepasste Nahrung für alte Hunde sollte auch dem erhöhten Risiko für Altersdiabetes gerecht werden. Dies ist insbesondere dann hoch, wenn der Senior immer übergewichtig war und es immer noch ist. Inhaltsstoffe wie Gerste sorgen für die

Einstellung eines konstanten Blutzuckerspiegels – ein wesentlicher Beitrag zur Vorbeugung von Diabetes mellitus (siehe auch Thema „Diabetes mellitus" in diesem Buch!).

Mineralstoffe und Vitamine – unverzichtbares Alterselixier!

Ein Hund ist im Alter genauso auf eine ausreichende Versorgung mit Vitaminen und Mineralstoffen angewiesen wie in jungen Jahren. Manche Nährstoffe benötigt er sogar vermehrt. So werden zum Beispiel wasserlösliche Vitamine wie Biotin und B-Vitamine von den Nieren im Alter nicht mehr so gut zurückgehalten und damit vermehrt über den Urin ausgeschieden. Dieses Defizit gilt es über die Ernährung auszugleichen.

Bei manchen Vitaminen ist es sogar sinnvoll, wenn diese über den eigentlichen Bedarf des Hundes hinaus im Futter enthalten sind. Hohe Gaben an Vitamin B, wie zum Beispiel von Biotin helfen die Beschaffenheit von Haut und Fell zu erhalten. Eine zusätzliche Aufnahme von Vitamin E stärkt die körpereigene Abwehrkraft des Hundes.

Andererseits ist es wichtig, das richtige Maß nicht zu überschreiten, denn bei vielen Vitaminen, besonders bei den fettlöslichen Vitaminen A, D und K, kann sowohl ein Mangel als auch ein Überschuss gesundheitsschädlich sein. Wählen Sie daher ein hochwertiges Seniorfutter, das auf den besonderen Bedarf älterer Hunde abgestimmt

ist und alle Nährstoffe in gesunder Menge enthält. Ergänzungen sind dann nicht mehr notwendig!

Die „Sache mit der Niere" – Unterstützung der Nierenfunktion

Die Niere ist häufig das erste Organ, das in seiner Tätigkeit erste „Alterspuren" erkennen lässt. Zahlreiche Studien zeigen, auf welchen Nährstoff es ankommt, wenn man die geschwächte Niere unterstützen möchte: Phosphor!

Untersuchungen zeigen eindrucksvoll, dass ein reduzierter Phosphorgehalt in der Nahrung wesentlich ist, um eine Überlastung der altersbedingt geschwächten Niere zu vermeiden. Außerdem ergab sich, dass sich nierenkranke Tiere mit einer phosphorreduzierten Nahrung über eine deutlich höhere Lebenserwartung „freuen" konnten als ihre erkrankten Artgenossen, die ein Futter mit höheren Phosphorgehalten erhielten.

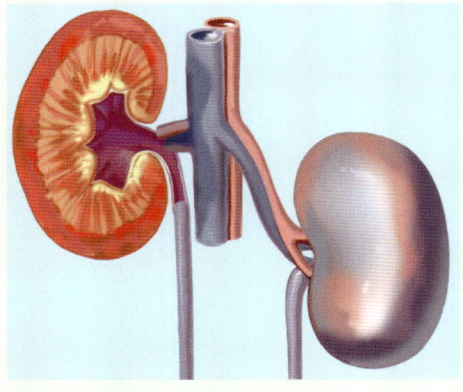

Die Nierenfunktion lässt im Alter oft nach. Durch einen gesenkten Phosphorgehalt in der Nahrung kann die Niere geschont werden. (Grafik: Royal Canin/ Diffomedia-Masure

Zähneputzen sollte zum täglichen Pflegeprogramm gehören. (Foto: ncn18/ Shutterstock)

Zahngesundheit unterstützen!

Ältere Hunde leiden des Öfteren an Zahnbelag und Zahnstein. Beides stellt ein ernst zu nehmendes Gesundheitsrisiko dar. Gezielte Vorsorge ist deshalb wichtig!

Schon in jungem Alter geht es los...

Grundsätzlich können alle Hunde von Zahnproblemen betroffen sein. Bei kleinen Hunden zählen diese zu den Hauptgründen für einen Besuch in der Tierarztpraxis. Außerdem treten sie bei den „Kleinen" schon sehr früh und im Verhältnis zu den „Großen" häufiger auf.

Zahnbelag (Plaque) ist für das Auge unsichtbar. Er besteht aus Mikroorganismen, die für Zahnfleischentzündungen und peridontale Infektionen verantwortlich sein können. Zahnstein entsteht, wenn sich nun Kalzium aus dem Speichel in den Zahnbelag einlagert und aushärtet. Die Vermehrung von Bakterien führt zur Zahnfleischentzündung (Gingivitis), schlechtem Atem und Zahnverlust. Besonders fatal und oftmals unterschätzt wird das Risiko für den Gesamtorganismus! Nachgewiesen werden konnte ein Zusammenhang mit Nieren- und Herzerkrankungen und „schlechten" Zähnen. Grund genug also schon frühzeitig an eine optimale Zahnpflege zu denken.

Mittel der Wahl ist das tägliche Zähneputzen. Einen wertvollen Beitrag leistet hier auch eine Nahrung mit mechanischen und biochemischen Reinigungseffekten.

Nahrung als Zahnpflege...

...durch Trockennahrung mit angepassten Kroketten

Kroketten, die in ihrer Größe an das Gebiss des Hundes angepasst sind, sorgen dafür, dass der Hund seine Nahrung kauen muss. Auf diese Weise wird ein mechanischer Bürsteneffekt erzielt, der zur Zahnreinigung beiträgt.

... durch „biochemische" Effekte

Natriumtriphosphate sind sogenannte Kalziumfänger in der Nahrung. Sie binden im Speichel befindliches Kalzium bevor es sich in den vorhandenen Zahnbelag einlagert und zu Zahnstein aushärten kann. Der Zahnsteinbildung kann so wirksam vorgebeugt werden. Natriumtriphosphate sind übrigens auch in einigen menschlichen Zahnpasten enthalten!

Wirkung von Natriumtriphosphat

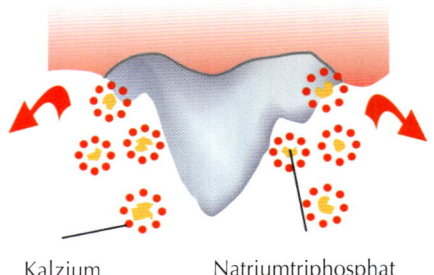

Normaler Zahn + Zahnstein

Zahnstein

Geschützter Zahn:
durch Natriumtriphosphat gebundenes Kalzium

Kalzium   Natriumtriphosphat

(Grafik: Royal Canin)

In Kürze – die Schlüsselpunkte einer Nahrung für Senioren:

- Optimale Akzeptanz
- Angepasster Energiegehalt um Unter- oder Übergewicht zu vermeiden
- Hohe Verdaulichkeit
- Ausreichend hochverdauliche Eiweiße
- Nierenschonung durch reduzierten Phosphorgehalt
- Gelenkgesundheit fördern
- Abwehrkräfte stärken
- Haut und Fell gesund halten
- Zahngesundheit unterstützen!

Ergänzungsfuttermittel nötig?

Jeder kennt das Gefühl, das einen beim Besuch von einem Tiernahrungsfachgeschäft ereilt! Benötige ich eigentlich eine der hier so zahlreich angebotenen Zugaben?

Verwenden Sie keine Zusätze zum Trockenfutter, da dies die Ausgewogenheit der Mahlzeit stören und den Energiegehalt erhöhen kann. (Grafik: Royal Canin)

Die Antwort lautet: Nein! Wenn Sie Ihren älteren Hund bereits mit einem altersgerechten Futter ernähren, welches er gut verträgt, so sind ergänzende Vitamin- oder Mineralstoffgaben absolut nicht notwendig. Im Gegenteil – sie könnten sogar schaden, da es dann oft des Guten zu viel ist!

Der Einsatz spezieller Ergänzungsfuttermittel kann dagegen in einigen Fällen medizinisch sinnvoll sein. Hierzu zählen zum Beispiel Präparate, die mit besonderen Fettsäuren angereichert sind. Sie werden mit Erfolg als unterstützende Behandlung bei Hauterkrankungen eingesetzt. Für Hunde, die an chronischen Gelenkerkrankungen wie einer Arthrose leiden, empfehlen sich Futterergänzungen mit Chondroitinsulfat, Glukosaminen, natürlichen Antioxidantien, Omega-3-Fettsäuren oder Extrakten der neuseeländischen Grünlippmuschel. Diese Substanzen unterstützen die Gesundheit der Gelenke, so dass Medikamente teilweise weniger oder sogar nicht mehr gegeben werden müssen. Das Risiko für unerwünschte Nebenwirkungen der Medikamente wird so verringert.

Achtung! Heute gibt es bereits Nahrungen in denen die aufgezählten „Wirkstoffe" bereits enthalten sind, d.h. hier ist eine Ergänzung nicht mehr nötig. Oftmals handelt es sich um die kostengünstigere Alternative, wenn man eine Nahrung wählt, in der gesundheitliche Besonderheiten Ihres Hundes bereits berücksichtigt sind. Und im Unterschied zu den Ergänzungen weiß man sicher, dass der Hund alle Nährstoffe in ausgewogenem Verhältnis und ausreichender Menge zu sich nimmt. Fragen Sie am besten Ihre Tierärztin oder Ihren Tierarzt um Rat!

Wie viel Energie darf's denn sein? Risiko Übergewicht

Wer hätte gedacht, dass kleine Hunde grundsätzlich mehr Energie benötigen als ihre größeren Artgenossen? Natürlich spielen neben der Größe auch zahlreiche andere Faktoren wie Bewegung, Fütterung, Haltung, Alter, Kastration und vieles mehr eine Rolle bei der Frage, wie viel Energie ein Hund braucht.

In der Altersgruppe der Senioren gibt es zwar zahlreiche Exemplare, die mit den Jahren Gewicht verlieren, aber ein Großteil der älteren Hundepopulation leidet auch an Übergewicht. In Fachkreisen spricht man bei diesem Zuviel an „Pfunden" auch von Adipositas. Bewegungsmangel und Fütterungsfehler kommen unter anderem als Ursachen in Betracht. Auf einen einfachen Punkt, gebracht liegt die Ursache für Adipositas im Alter darin, dass das Tier mehr Energie mit der Nahrung zu sich nimmt als es tatsächlich braucht. Der Überschuss an Energie wird dann vom Körper in Fettpolster umgewandelt.

Leider wird das zu hohe Körpergewicht oft lediglich als Schönheitsfehler angesehen, dabei ist es weit mehr: Es handelt sich um eine Krankheit, weil das Zuviel an Pfunden fatale Folgen nach sich ziehen kann. Übergewicht verringert nämlich nicht nur das Wohlbefinden und die Lebensqualität, es ist oft mitverantwortlich für Herzkrankheiten oder Gelenkverschleiß (siehe dazu auch Kapitel „Übergewicht im Alter und Risiken"). Übergewicht verringert damit die Lebenserwartung eines Hundes, und welcher Tierbesitzer will das schon? Aus diesem Grund ist es wichtig, von Anfang an ein altersgerechtes Futter zu verwenden und darauf zu achten, dass der Hund nicht übermäßig „zulegt".

Indem Sie Ihren Hund regelmäßig wiegen, können Sie frühzeitig erkennen, ob überflüssige Pfunde drohen. Bei Rassehunden dienen außerdem Standardgewichte als Orientierung. Durch eine bewusste, gewissenhafte Ernährungsumstellung lässt sich hier rechtzeitig die Notbremse ziehen.

Manchmal können auch Krankheiten, wie zum Beispiel eine Unterfunktion der Schilddrüse, Ursache für Übergewicht sein. Legt Ihr Hund trotz ganz bewusster, spezifischer Ernährung und ausreichend Bewegung an Gewicht zu, sollte eine Tierarztpraxis zu Rate gezogen werden.

Zu dick oder zu dünn?

Hat man einen Rassehund, so ist der Vergleich mit dem Idealgewicht des Standards sinnvoll. Liegt das Gewicht 15 Prozent über dem Standardgewicht? Dann ist ihr Hund bereits übergewichtig. Beträgt das Körpergewicht des Vierbeiners sogar 20 Prozent mehr als normal spricht man von Adipositas oder Fettleibigkeit.

Wie aber beurteilt man dann das Gewicht von Mischlingen? Hier gibt es ja keine Vergleichswerte, deshalb ist es für die Beantwortung der

Frage am besten, wenn man die Körperkondition des Vierbeiners durch die sogenannte Adspektion und Palpation beurteilt. Das heißt ganz einfach: Schauen (Adspektion) und fühlen (Palpation) Sie!

Sieht man die Rippen mit bloßem Auge oder kann man diese nur noch mit Mühe ertasten oder stechen sie vielleicht hervor? Ist die Taille zu erkennen oder nicht mehr? Fühlen Sie am Brustkorb eine Fettschicht oder nicht?

Nutzen Sie doch einfach einmal die nachfolgende Abbildung zur Beurteilung der Körperkondition bei Ihrem Hund!

Übersicht Körperkonditionen (schematisch)

sehr mager	Untergewicht	Idealgewicht	Übergewicht	Fettleibigkeit
■ Die Rippen, die Rückenwirbel und die Beckenknochen sind bei kurzem Haar sehr gut zu sehen ■ Es ist ein deutlicher Verlust der Muskelmasse vorhanden ■ Auf dem Brustkorb ist keine Fettschicht zu fühlen	■ Die Rippen, die Rückenwirbel und die Beckenknochen sind sichtbar ■ Die Taille ist deutlich sichtbar ■ Auf dem Brustkorb ist eine sehr dünne Fettschicht zu fühlen	■ Gut proportioniert ■ Die Rippen und die Rückenwirbel sind nicht sichtbar, aber gut zu fühlen ■ Die Taille ist sichtbar ■ Auf dem Brustkorb ist eine dünne Fettschicht zu fühlen	■ Die Rippen und das Rückgrat sind nur schwer zu ertasten ■ Die Taille ist schwer erkennbar ■ Auf dem Brustkorb, dem Rückgrat und am Schwanzansatz ist eine Fettgewebeschicht fühlbar	■ Die Rippen und das Rückgrat sind unter einer dicken Fettschicht kaum zu ertasten ■ Auf dem Brustkorb, dem Rückgrat und am Schwanzansatz ist eine deutliche Fettgewebeschicht vorhanden ■ Die Taille ist nicht erkennbar

Gewichtsprobleme können schon durch Abtasten und Anschauen festgestellt werden. (Grafik: Royal Canin)

Übergewicht im Alter und die Risiken

Ein Übel kommt selten allein! Das Zuviel an Pfunden begünstigt gerade beim älteren Vierbeiner nachfolgende Erkrankungen. Seien Sie deshalb wachsam und leisten Sie durch richtige Fütterung und Bewegung Vorbeuge!

- Verdauungsbeschwerden wie Verstopfung
- Diabetes mellitus (Zuckerkrankheit), Herz-Kreislaufprobleme
- Gelenkerkrankungen Gestörte Wundheilung
- Erhöhte Infektanfälligkeit
- Hauterkrankungen
- Höheres Narkoserisiko

Übergewicht kann im Alter ernste Folgen haben. (Foto: Royal Canin)

- Verminderte Ausdauer und Hitzetoleranz
- Geringere Lebenserwartung

Wussten Sie eigentlich schon, dass es bestimmte Rassen gibt, die zu Übergewicht neigen?

Labrador Retriever, Cavalier King Charles Spaniel, Jack Russell Terrier, Teckel, West Highland White Terrier, Kleine Münsterländer, Cocker Spaniel, Beagle und Cairn Terrier sind in der Regel sehr „leichtfüttrige" Kandidaten, die deshalb zu einer schnellen Gewichtszunahme tendieren. Hier ist also doppelte Vorsicht geboten!

Ein Laster des „gut genährten" Alters: Diabetes

Auch wenn die möglichen Zusammenhänge und Ursachen für die Entstehung eines Diabetes mellitus beim Hund noch nicht vollständig geklärt sind, so spricht die Zunahme übergewichtiger Tiere in der Hundepopulation bei gleichzeitigem Anstieg des Anteils zuckerkranker Hunde für einen direkten Zusammenhang.

Was steckt hinter der Erkrankung? Insulin, ein Hormon, welches von der Bauchspeicheldrüse gebildet wird, dient dazu den Blutzucker (Glukose) zu verwerten bzw. für dessen Aufnahme in die Körperzellen zu sorgen. Ist ein Hund an Diabetes erkrankt,

Ein elf Jahre alter Mischlingshund, fotografiert kurz nach der Diagnose eines Diabetes mellitus.

Derselbe Hund drei Monate später. Trübungen der Linse hatten sich schnell entwickelt, und der Besitzer berichtete von einem plötzlichen Verlust des Sehvermögens. (Fotos: RIE Smith)

kann die Glukose aufgrund eines Insulinmangels nicht mehr genutzt werden. Betroffene Hunde zeigen dann unter anderem folgende Symptome:

- Vermehrtes Trinken
- Häufigen Harnabsatz
- Übermäßiges Fressen
- Apathie
- Augenerkrankung (Grauer Star = Linsentrübung am Auge)
- Anfangs häufig Übergewicht, im fortgeschrittenen Stadium Untergewicht.

Beim Hund werden verschiedene Diabetesformen unterschieden. Am häufigsten kommt der sogenannte Typ-1-Diabetes vor, bei dem die Bauchspeicheldrüse keinerlei Insulin mehr bildet. Es besteht ein absoluter Insulinmangel, der die Aufnahme von Blutzucker (Glukose) in die Körperzellen unmöglich macht.

Neben diesem Diabetestyp gibt es noch andere, seltenere Ausprägungsformen. Beispielsweise solche, die auf einer sogenannten Insulinresistenz der Organe beruhen. In diesem Fall wird von der Bauchspeicheldrüse noch Insulin produziert. Die Körperzellen sprechen allerdings auf das Hormon nicht mehr an, so dass aus diesem Grunde die Glukoseaufnahme ebenfalls gestört ist. Eine Insulinresistenz kann durch verschiedene Faktoren ausgelöst werden, dazu gehört auch Übergewicht.

Beruhigend zu wissen ist, dass es zur Behandlung dieser Erkrankung eine spezielle Diät gibt. Neben einem reduzierten Energiegehalt ist wesentlich, dass die Nahrung dazu beitragen kann, den Blutzuckerspiegel möglichst konstant zu halten.

Wie funktioniert das? Spezielle Kohlenhydratquellen in der Nahrung wie Mais und Gerste werden erst langsam zu Zucker abgebaut (im Unterschied zu Reis). Die Folge ist ein langsamer Blutzuckeranstieg und außerdem ein länger anhaltender Blutzuckerspiegel. Die Tiere sind folglich länger satt. Ein weiterer Vorteil ist, dass die betroffenen Hunde mit so einer Diät oft weniger Insulin benötigen als bei einem Verzicht auf eine spezielle Diätnahrung.

Futterumstellung – wann?

Vorbeuge durch eine frühzeitige Futterumstellung ist entscheidend. Kleine Hunde bis 10 kg sollten ab dem achten Lebensjahr eine Seniorennahrung bekommen, die mittelgroßen Vierbeiner (11 - 25 kg) schon ab dem siebten Lebensjahr. Alle Hunde, die schwerer sind als 25 kg „freuen" sich ab fünf Jahren über altersgerechtere Kost!

Die genannten Zahlen sollten als Richtwerte angesehen werden. Ein paar Tage früher oder später sind sicher nicht entscheidend. Viel wichtiger ist, dass Sie überhaupt altersgerecht füttern und den Hund langsam an die neue Nahrung gewöhnen.

Für die Umstellung auf die altersgerechte Nahrung sollte grundsätzlich ein Zeitraum von ca. **einer Woche** eingeplant werden. Ein **langsamer Wechsel** der Nahrung dient dazu, mögliche Verdauungsprobleme nfolge eines abrupten Futterwechsels zu vermeiden. Denken Sie immer daran - das Verdauungssystem vieler Hunde ist nicht so robust wie wir denken, sondern im Gegenteil sehr sensibel! Ein schneller Futterwechsel kann deshalb Probleme bereiten.

Gehen Sie am besten so vor, dass Sie innerhalb von einer Woche schrittweise die bisherige Nahrung durch steigende Mengen der neuen ersetzen. Nachfolgend finden Sie eine konkrete Empfehlung für den richtigen Wechsel zur neuen Nahrung:

1. und 2. Tag:
75 Prozent bisherige Nahrung und
25 Prozent neue Nahrung
3. und 4. Tag:
50 Prozent bisherige Nahrung und
50 Prozent neue Nahrung
5. und 6. Tag:
25 Prozent bisherige Nahrung und
75 Prozent neue Nahrung
7. Tag:
100 Prozent neue Nahrung

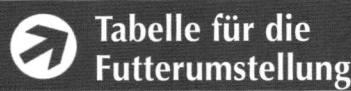

Tabelle für die Futterumstellung

an den ersten beiden Tagen:
75% der bisherigen,
25% der neuen Nahrung

am 3. und 4. Tag:
50% der bisherigen,
50% der neuen Nahrung

am 5. und 6. Tag:
25% der bisherigen,
75% der neuen Nahrung

am dem 7. Tag:
100% der neuen Nahrung

(Grafik: Royal Canin)

Wasser ist Leben

Ohne Wasser kein Leben! Der Körper eines Hundes besteht zu rund 70 Prozent aus Wasser. Über die Atmung, den Urin und

Kot wird davon täglich eine erstaunliche Menge ausgeschieden. Dieser Verlust muss über eine ausreichende Wasseraufnahme wieder ausgeglichen werden.

Daher ist es wichtig, dass Ihr Hund stets Zugang zu frischem Trinkwasser hat. Der tägliche Wasserbedarf eines Hundes hängt von der Umgebungstemperatur, der körperlichen Aktivität des Tieres und der Art der Fütterung ab. Hunde, die mit Trockennahrung gefüttert werden, müssen mehr trinken als Tiere, die Feucht-, also Dosennahrung bekommen. Ein gesunder Hund „weiß" wie viel er trinken muss. Dafür sorgt sein Durstzentrum im Gehirn. Bei älteren Hunden kann das Durstzentrum Alterungsprozessen unterliegen, die dazu führen, dass der Senior sein gesundes Durstgefühl verliert. Wenn Sie nun das Gefühl haben, dass Ihr Hund mit den Jahren weniger trinkt, können Sie von Trocken- auf Dosenfutter umstellen oder aber zusätzlich Wasser unter das Futter mischen.

- Für kranke Hunde gelten besondere Regeln. Im Rahmen einiger Erkrankungen wie zum Beispiel Diabetes mellitus (Zuckerkrankheit) oder Nierenschwäche trinken Hunde auffällig viel. In diesen Fällen muss der Senior tierärztlich untersucht werden.
- Bei Krankheiten, die mit Erbrechen und Durchfall verbunden sind, gehen dem Körper sehr viel Flüssigkeit und damit auch lebenswichtige Elektrolyte verloren. Ein Defizit, das unbedingt ausgeglichen werden muss.

Wie viel muss mein Hund trinken?

Eine Frage, die nicht leicht zu beantworten ist, da sie von vielen Faktoren abhängig ist. Die Umgebungstemperatur, Fütterung und Bewegung sind nur einige der Einflussfaktoren.

Wird ein Hund zum Beispiel nur mit Trockennahrung ernährt, benötigt er bei einer Umgebungstemperatur von 20° Celsius 40 bis 50 Milliliter Trinkwasser/Kilogramm Körpergewicht. Frisst der Vierbeiner hingegen Feuchtnahrung, so verringert sich der Bedarf auf fünf bis zehn Milliliter Trinkwasser/Kilogramm Körpergewicht.

Ein Rechenbeispiel: Wiegt ein Hund 15 kg und frisst ausschließlich Trockennahrung, so braucht er 15 (Kilogramm) mal 40 bis 50 Milliliter Trinkwasser, also 600 bis 750 Milliliter pro Tag. Bekommt er Dosennahrung, reichen ihm 15 (Kilogramm) mal fünf bis zehn Milliliter, also 75 bis 150 Milliliter Trinkwasser am Tag. Bei hohen Außentemperaturen und vermehrter körperlicher Aktivität steigt der Wasserbedarf.

Ernährung des kranken Hundes

Bisher haben wir nur über die Bedeutung der Ernährung im Hinblick auf die Vorsorge von Alterserkrankungen gesprochen,

Häufig können Krankheiten schon durch eine gezielte Veränderung der Ernährung positiv beeinflusst werden. (Foto: Hannahmariah/Shutterstock)

um eine möglichst hohe Lebenserwartung und hohe Lebensqualität zu erzielen. Natürlich ist die Ernährung auch ein unverzichtbares medizinisches Mittel, um bei bereits bestehenden Erkrankungen Einfluss zu nehmen. Auf diesem Gebiet gibt es ganz hervorragende Möglichkeiten, derer wir uns leider immer noch nicht ausreichend bewusst sind!

Eine gezielte Ernährung kann die Heilung von Krankheiten unterstützen beziehungsweise das Ausmaß und Fortschreiten einer Erkrankung einschränken. Nicht selten kann durch eine gezielte, konsequente Diät die Einnahme von Medikamenten reduziert werden. In einigen Fällen kann auf eine Medikation sogar ganz verzichtet werden. Auf diesem Wege wird die Lebensqualität der betroffenen Tiere enorm verbessert. Diätfuttermittel sind daher ein wesentlicher Bestandteil vieler Therapien.

Besonders bei Erkrankungen, in deren Rahmen die Funktion bestimmter Organe beeinträchtigt ist, können spezielle Diäten hervorragende Dienste leisten. Bei einer Unterfunktion der Niere zum Beispiel sind die kranken Nieren nicht mehr in der Lage, giftige Stoffwechselprodukte ausreichend zu filtern und mit dem Harn auszuscheiden. Für den Organismus kann das lebensgefährlich werden. Eine Diätnahrung, die alle lebenswichtigen Nährstoffe enthält, in deren Rahmen aber weniger giftige Stoffwechselprodukte anfallen, schafft hier Abhilfe. Ausschlaggebend sind dabei zwei Faktoren: der Phosphorgehalt und der Eiweißgehalt der Diätnahrung.

Bei Fettleibigkeit ist unerheblich, ob falsche Ernährung oder mangelnde Bewegung „schuld" sind. Es zählt nur eins: Eine gezielte Diät muss her. Hierfür empfiehlt sich eine spezielle Reduktionsdiät aus der Tierarztpraxis. Sie ist unter anderem kalorienreduziert, enthält aber alle lebensnotwendigen Nährstoffe in ausreichender Menge und optimaler Zusammensetzung. Dadurch ist gewährleistet, dass der Hund abnehmen kann, aber dennoch rundum bedarfsgerecht versorgt wird. Während der Kur wird die Tagesration in kleinen Portionen über den Tag verteilt angeboten. Das verhindert, dass der Hund Heißhunger bekommt und mit herzzerreißendem Betteln an den Nerven seiner Halter zerrt. Snacks sind für die Dauer der Diät tabu. Wer seinem Hund etwas Gutes tun möchte, schenkt ihm stattdessen lieber ein paar Streicheleinheiten extra oder geht mit ihm eine zusätzliche Runde durch den Park.

Auch wenn es aufwendig erscheint, der Verlauf der Diät sollte durch eine Tierärztin oder einen Tierarzt kontrolliert werden. Nur so kann man sicher sein, dass der Hund gesund abnimmt. Die „Runter mit den Pfunden"-Programme, zum Beispiel das SLIM FIT Programm von ROYAL CANIN, die in Tierarztpraxen angeboten werden, fördern darüber hinaus die Motivation und können dem Erfahrungsaustausch dienen. Auch wenn eine gezielte Abmagerungskur oft ein langer und mühevoller Weg ist, er lohnt sich: Das Wohlbefinden und die Lebensqualität des Hundes verbessern sich und seine Lebenserwartung steigt. Diese beiden Beispiele sollen verdeutlichen, wie wichtig die Wahl der

richtigen Diät ist. Sie sollte daher stets von Tierärztin oder Tierarzt getroffen werden.

Das Gleiche gilt übrigens für die diätetische Behandlungen anderer Erkrankungen, wie zum Beispiel Herz- oder Leberschwäche, Diabetes mellitus oder Hautleiden. Die in der Tierarztpraxis erhältlichen Diätfuttermittel für kranke Hunde sind so zusammengesetzt, dass der Patient seiner Erkrankung entsprechend optimal ernährt wird und dabei optimal versorgt wird. Erfreulicherweise erkennen auch immer mehr Tierärzte und Tierärztinnen, welche Bedeutung die richtige Ernährung im Rahmen der Therapie hat. Fragen Sie deshalb unbedingt Ihre Tierärztin oder Ihren Tierarzt nach Spezial- und Diätfuttermitteln für ältere, kranke Hunde.

Erkrankungen, die bei älteren Hunden mit Hilfe einer Diät behandelt werden können:

- Diabetes mellitus
- Übergewicht
- Abmagerung
- Zahngesundheit
- Herzerkrankungen
- Niereninsuffizienz
- Lebererkrankungen
- Arthrosen
- Hauterkrankungen, inklusive Allergien
- Verdauungsbeschwerden

Geistig fit im Alter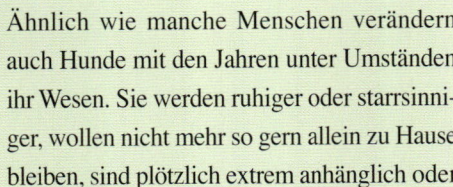

Alles über die geistige Fitness im Alter!

Ähnlich wie manche Menschen verändern auch Hunde mit den Jahren unter Umständen ihr Wesen. Sie werden ruhiger oder starrsinniger, wollen nicht mehr so gern allein zu Hause bleiben, sind plötzlich extrem anhänglich oder fast gleichgültig. Wie auch immer: nur selten leidet der Hund selber darunter. Anders als wir Menschen stört er sich nicht daran, weniger vital und flexibel zu sein als in jungen Jahren. Dennoch tut es ihm gut,

Ähnlich wie beim Menschen kann sich auch bei Hunden im Alter ihr Wesen verändern. (Foto: Thomas Fredriksen/Shutterstock)

wenn sein Halter liebevoll auf sein veränderten Befinden eingeht und Rücksicht darauf nimmt.

Typische Veränderungen im Verhalten

Ob, wann, warum und in welcher Form sich das Verhalten eines Hundes mit den Jahren verändert, ist von Tier zu Tier unterschiedlich. Manche Hunde bleiben bis ins hohe Alter geistig topfit, andere entwickeln bereits frühzeitig erste Macken.

Ursache können unter anderem körperliche Veränderungen sein. So nimmt zum Beispiel die allgemeine Durchblutung der Organe ab, was einen Sauerstoffmangel im Gehirn zur Folge haben kann. Ausgiebige Spaziergänge an der frischen Luft und Geriatrika, die die Sauerstoffversorgung über das Blut unterstützen, können hier Abhilfe schaffen. Weiterhin treten Verkalkungen im Gehirn auf und die Produktion körpereigener Substanzen, die für die Übertragung von Nervenimpulsen notwendig sind, nimmt ab. Mit der Zeit sammeln sich Stoffwechselprodukte im Nervengewebe an und die Membranen der Nervenzellen werden weniger durchlässig. Alle genannten Veränderungen beeinträchtigen die geistige Leistungsfähigkeit und die Sinneswahrnehmung Ihres Vierbeiners. In der Folge kann es zur Senilität, ähnlich der Altersdemenz beim Menschen, kommen.

Mögliche Verhaltensabweichungen von Senioren:

- Vermehrtes Ruhebedürfnis
- Viele Tiere werden ruhiger und gelassener, reagieren aber bei ungewohnten Situationen schreckhaft
- Nachlassende Sinnesleistungen (Hören, Sehen, Riechen, Schmecken)
- Teilnahmslosigkeit oder Desinteresse
- Verringerte Lernfähigkeit
- Vergesslichkeit
- Geringeres Interesse an Kontakten zu Artgenossen
- Unsicherheit gegenüber fremden Menschen und Situationen
- Nächtliche Unruhe
- Verstärkte Anhänglichkeit
- Rituale und Gewohnheiten gewinnen an Bedeutung
- Die Anpassungsfähigkeit verringert sich, Veränderungen in der gewohnten Umgebung werden nur noch schlecht toleriert

Mit einigen Maßnahmen, die idealerweise schon in der Jugend des Hundes ansetzen sollten, können Sie Ihrem Hund die Umstellung im Alter erleichtern:

Beim Junghund:
- Trainieren Sie Ihren Hund bereits in jungen Jahren parallel zu Hörzeichen auch auf eindeutige Handzeichen. So können Sie Ihrem Senior, wenn sein Gehör mit den Jahren nachlässt, immer noch klar machen, was Sie von ihm möchten.

- Bringen Sie Ihrem Hund von Anfang an bei, auf Spaziergängen in Ihrer Nähe zu bleiben, Respekt vor Autos zu haben und Straßen nur auf Kommando hin zu überqueren.
- Platzieren Sie das Lager Ihres Hundes so, dass er einen guten Überblick über sein „Reich" hat. So fühlt er sich zugehörig, bemerkt rechtzeitig, wenn sich in seinem Revier etwas tut oder Fremde den Raum betreten. Im hohen Alter hat er dann sofort einen zentralen Platz, an dem er alles mitbekommt - trotz vielleicht eingeschränkter Sinnesleistung.
- Ersparen Sie Ihrem Hund gravierende Veränderungen in seiner Umgebung. Wählen Sie zum Beispiel den Platz für sein Körbchen so, dass er im Alter nicht umziehen muss, nur weil er die Treppen nicht mehr steigen kann.

Im fortgeschrittenen Alter:

- Nehmen Sie Rücksicht auf das veränderte Wesen Ihres Hundes. Akzeptieren Sie ihn so, wie er ist! Bleiben Sie aber trotzdem stets mit der Erziehung am Ball. Verweisen Sie Ihren Senior liebevoll und konsequent in seine Schranken und wiederholen Sie wichtige Übungen immer wieder aufs Neue.
- Trainieren Sie die Gedächtnisleistung und Lernfähigkeit Ihres Hundes durch anregende Aktivitäten und Spiele.
- Gönnen Sie Ihrem Hund zwischendurch vermehrt Ruhe, stören Sie ihn nicht bei seinen Nickerchen und geben Sie ihm Gelegenheit, sich entspannt auf neue Gegebenheiten einzustellen.

- Sorgen Sie dafür, dass Ihr Hund viel an der frischen Luft ist. Bewegung hält Geist und Gelenke munter!
- Lassen Sie Ihren Hund selber entscheiden, ob er in Kontakt zu anderen Tieren und Menschen treten möchte, und geben Sie ihm die Chance, sich bei Bedarf zurückzuziehen.
- Machen Sie Ihren Hund mit Besuch, fremden Menschen und neuen Orten jedes Mal aufs Neue bekannt.
- Insbesondere Kindern fehlt oft das Verständnis, dass der ältere Hund nicht mehr so agil und munter ist. Um Stress zu vermeiden, sollten Sie Ihren Kindern erklären, dass Ihr Tier mehr Ruhe benötigt und im Schlaf nicht gestört werden sollte. Ist Ihr Hund gerade aktiv, so spielen Sie mit ihm und binden Sie die Kinder dann mit ein. So können auch die Winzlinge Ihren älteren Hund noch genießen.

Die Tatsache, dass Hunde im Alter ihr Verhalten ändern, hat nicht nur Schattenseiten. Es gibt auch positive Aspekte. So beginnt man, sich bewusster mit dem Wesen seines Hundes auseinanderzusetzen und lernt unter Umständen ganz neue Seiten an seinem vertrauten Freund kennen.

Es hat auch etwas für sich, wenn ein Wirbelwind mit den Jahren ruhiger und verschmuster wird und gemeinsame Aktivitäten mit Sinn und Verstand in Angriff genommen werden. Ein solch intensives Miteinander verstärkt die einmalige Beziehung zwischen Ihnen und Ihrem Hund.

Sicherheit für Senioren

Sieht und hört Ihr Hund im Alter nicht mehr gut, oder ist er nicht mehr so gehorsam wie in jungen Jahren, dann sollten Sie vermehrt auf seine Sicherheit achten. Lassen Sie ihn jetzt nicht mehr unbeobachtet frei laufen, grenzen Sie Ihr Grundstück sicher ab und nehmen Sie den Hund in der Nähe befahrener Straßen an die Leine. Möchten Sie Ihrem Senior weiterhin beim Spaziergang genügend Freiraum lassen, so verwenden Sie doch eine Langlaufleine und lassen Sie ihn dort frei, wo keine unmittelbaren Gefahren drohen.

Hunde, die nicht mehr so gut sehen, sind auch in der Bewegung unsicher. Achten Sie deshalb auch im Haus auf mögliche „Stolperfallen". Erleichtern Sie Ihrem Vierbeiner ebenfalls die Überquerung von rutschigem Parkettfußboden durch das Auslegen zusätzlicher Teppiche oder Decken. Verletzungen können so vermieden werden.

Gibt es Alzheimer beim Hund?

Scheinbar normale Alterserscheinungen können erste Anzeichen des sogenannten Kognitiven-Dysfunktions-Syndroms (CDS = Cognitive Dysfunction Syndrome) sein.

Es handelt sich um eine Erkrankung älterer Hunde, die der Alzheimer-Krankheit des Menschen ähnelt. Die genaue Ursache ist noch unbekannt. Eventuell spielen Durchblutungsstörungen, zum Beispiel infolge eines Herzproblems und die ungünstige Wirkung von freien Radikalen, aggressiven Stoffwechselprodukten, eine wichtige Rolle bei der Entstehung von Hirnschäden. Unter dem Mikroskop findet man jedenfalls im Gehirn Gewebeveränderungen, die aussehen wie die von Alzheimer-Patienten.

Hunde, die unter dieser Krankheit leiden, sind oft nicht mehr stubenrein. Häufig verlieren sie auch die Orientierung, stehen mit leerem Blick in der Ecke oder vor der Wand. Sie schlafen tagsüber auffällig viel und haben einen gestörten Schlaf-Wach-Rhythmus. Typisch ist auch ein anhaltendes Zittern, Bellen oder Winseln ohne ersichtlichen Grund. Manchmal erkennen die Hunde ihre eigene Familie nicht mehr, verlieren das Interesse an der Umwelt oder an ihrem Futter. Da diese Verhaltensweisen zum Teil auch im Rahmen des normalen Alterungsprozesses auftreten können, kann nur ein Fachmann feststellen, ob ein Hund an dem Kognitiven-Dysfunktions-Syndrom leidet. Tierärztinnen und Tierärzte gehen daher folgendermaßen vor: Sie stellen anhand intensiver Untersuchungen fest, ob eine andere Erkrankung vorliegt, die als Ursache für das veränderte Verhalten in Frage kommt. Nur wenn dies nicht der Fall ist und der Hund mehrere der charakteristischen Verhaltensweisen zeigt, gehen sie davon aus, dass es sich um das Kognitive-Dysfunktions-Syndrom handelt. Dem Hund kann dann mit speziellen Medikamenten und gezielten Verhaltensmaßnahmen geholfen werden. Die Behandlung erleichtert ihm, sich an die neue Situation anzupassen, damit umzugehen und ein normales Leben in seiner gewohnten Umgebung zu führen. Natürlich erleichtert es auch uns Menschen das Zusammenleben mit dem Vierbeiner!

Alt oder krank?

Nicht immer ist das veränderte Verhalten eines älteren Hundes auf den normalen Alterungsprozess zurückzuführen. Manchmal steckt auch eine Erkrankung dahinter.

Nächtliche Unruhe kann zum Beispiel ein Hinweis auf eine Herzerkrankung oder Schmerzzustände sein. Eine Ursache für plötzliche Unsauberkeit kann immer auch eine Blasenentzündung sein. Aggression und Misstrauen sind dagegen oft die Folge von körperlichen Schmerzen. Hier kommt es oft zu Fehldeutungen des Verhaltens, wenn es zu Bissverletzungen durch einen bisher so friedfertigen Vierbeiner kommt. Lassen Sie Ihren Senior deshalb bei auffälligen Verhaltensänderungen immer tierärzt-

lich untersuchen. Nicht jede Veränderung lässt sich durch ein stattliches Alter begründen!

Wenn aus Macken ernsthafte Probleme werden

Unter Umständen entwickeln Hunde im fortgeschrittenen Alter ernste Verhaltensstörungen, die das Miteinander von Mensch und Hund stark beeinträchtigen. Beispiele dafür sind:

- Unsauberkeit
- Nächtliche Unruhe, verbunden mit Jucken und Belecken des Körpers sowie hektischem Umherlaufen
- Hysterisches Bellen, Jaulen oder Winseln
- Trennungsangst
- Destruktives Verhalten (zum Beispiel Anknabbern von Möbelstücken)
- Verstärkte Ängstlichkeit oder Aggression gegenüber Tieren oder Menschen

Zwei Faktoren können unter anderem für die übermäßige Ausprägung eines Fehlverhaltens verantwortlich sein: Körperliches Leiden und/oder die Interaktion zwischen Mensch und Tier, also der Umgang des Halters mit dem Hund. Bei einigen Tieren treten Verhaltensstörungen ganz plötzlich und unvermittelt auf. Bei anderen verstärkt sich lediglich ein Charakterzug, der auch in jungen Jahren schon bestanden hat, jedoch erst im Alter deutlicher zu Tage tritt. Auch aus diesem Grund sollten Sie unerwünschten

Verändertes Verhalten kann auch ein Hinweis auf eine Erkrankung sein. (Foto: Royal Canin)

Verhaltensstörungen können das Zusammenleben mit einem Hund stark beeinträchtigen. Eine Verhaltenstherapie kann Abhilfe schaffen. (Foto: Eric Isselée/Shutterstock)

(GTVT) e.V., Dr. Barbara Schöning, Saselbergweg 32, 22395 Hamburg, Telefon 040-69796248, Fax: 040-60875350 kann Ihnen eine Tierarztpraxis in Ihrer Nähe nennen, die auf Tierverhaltenstherapie spezialisiert ist.

Spielen macht klug – Fitness-Training für Sinne und Geist

Verhaltensweisen frühzeitig, das heißt bereits im jungen Alter des Hundes, begegnen. Schließt man erst einmal Kompromisse und arrangiert sich zum Beispiel damit, dass der Hund nicht allein zu Hause bleiben will, so kann das zunächst noch erträglich sein, in höherem Alter aber die eigene Lebensqualität stark beeinträchtigen. Das ist nur ein Bespiel von vielen, wie man durch falschen Umgang mit dem Hund unerwünschte Verhaltensweisen im Alter verstärken kann.

Das einzig Richtige ist daher, den Rat einer Tierarztpraxis einzuholen, die sich auf Verhaltenstherapie bei Hunden spezialisiert hat. Und auch hier gilt: Je früher man mit der gezielten Therapie beginnt, desto größer ist die Aussicht auf Erfolg. Denn wie bereits gesagt, mit den Jahren fällt es einem Hund immer schwerer Neues dazuzulernen. Da geht es den Hunden wie uns Menschen! Die Gesellschaft für Tierverhaltenstherapie

Auch wenn der Hund im Alter schwerer lernt, die Fähigkeit Neues zu erlernen geht nicht irgendwann ganz verloren. Deshalb gilt: Ein Hund, dessen graue Zellen ständig gefordert werden, dem immer wieder (neue) Aufgaben gestellt werden, der im aktivem Austausch mit seiner Umwelt und mit seinem Menschen steht, der lernt bis zum letzten Augenblick. Auch hier gilt: Wer rastet, der rostet. „Gehirnjogging" ist also nicht nur für alte Menschen, sondern auch für unsere Hundesenioren wesentlich.

Durch Training bzw. ein gezieltes Beschäftigungsprogramm können die altersbedingten Veränderungen im Gehirn Ihres Seniors verzögert werden. Sinnvoll sind sämtliche Spiele, die nicht unbedingt eine körperliche Leistung abverlangen, sondern die geistige Fitness fördern. Wichtigstes Ziel ist dabei, dass die Spiele Freude machen und für Erfolgserlebnisse sorgen. Belohnen Sie Ihren Senior mit Aufmerksamkeit und Streicheleinheiten, auch wenn eine Übung nicht sofort auf Anhieb klappt. So motivieren Sie Ihren alten Freund.

- „Suchen und Verstecken" ist ein äußerst beliebtes Spiel! Für den Anfang verstecken Sie etwas Futter unter einem Joghurtbecher oder einem kleinen Karton. Es wird nicht lange dauern, bis Ihr Senior Nase und Augen freudig einsetzt und schließlich den Leckerbissen zielsicher findet.

- Kombinationsgabe und Geschicklichkeit fördern spezielle Futterbälle für Hunde, die mit Leckerlis gefüllt werden. Nur wenn der Hund den Ball so bewegt, dass die Leckerbissen durch die vorgefertigten Öffnungen passen, fällt die Belohnung heraus. Die Größe der Öffnungen kann dabei variiert werden, so dass man verschiedene Schwierigkeitsgrade einstellen kann.

- Denken Sie sich immer wieder neue „Futterverstecke" aus oder legen Sie mit Leckerlis Fährten durch die Wohnung. Nach und nach können Sie dann die Abstände zwischen den Stationen vergrößern.

- In der Wohnung wie im Freien können Sie neben Futter auch sich selber oder aber Gegenstände verstecken. Hauptsache der Hund muss seinen „Grips" einsetzen, um die Objekte seiner Begierde zu finden.

- Verlieren Sie unterwegs einen Gegenstand und lassen Sie den Hund danach suchen.

- Das Versteck-Such-Spiel kann durch Kombinationsaufgaben erweitert werden. Ziehen Sie zum Beispiel vor den Augen Ihres Hundes einen kleinen Ball an einer Schnur durch eine Röhre. Lassen Sie den Ball später in der Mitte der Röhre liegen und fordern Sie Ihren

Neue Spiele und Aufgaben halten den älteren Hund auch geistig fit und beweglich. (Foto: SoL-Studio/Shutterstock)

Hund auf, den Ball zu suchen bzw. zu holen.

- Attraktive Gegenstände können unter einer Barriere hindurchgerollt oder über ein Hindernis hinweg geworfen werden. Ihr Hund muss dann kombinieren, auf welchem Umweg er an das Objekt herankommt.

- Für Erfolgserlebnisse sorgen auch einfache Apportierübungen. Ganz gleich, ob Ihr Senior die Leine oder sein Lieblingsspielzeug bringt, loben Sie ihn für die erbrachte Leistung und nennen Sie erfreut den Namen des Gegenstandes. Ist Ihr Hund erst einmal in Übung, kann er bald schon verschiedene Gegenstände wie Ball und Gummiknochen unterscheiden.

- Lassen Sie auch unterwegs mal einen bekannten Gegenstand fallen und lassen Sie den Hund danach suchen.

- Koordination trainiert sich auch beim Slalom oder Hindernislauf. Selbstverständlich dürfen die Hürden nur so hoch und kompliziert sein, dass Kreislauf, Gelenke und Wirbelsäule des Hundes nicht über die Maßen beansprucht werden.

- Bringen Sie Ihrem Hund kleine Kunststücke bei, zum Beispiel „Toter Hund", Laut geben, Pfötchen geben, linkes Pfötchen, rechtes Pfötchen o.Ä. So trainieren Sie Ihren Hund darauf, sich spielerisch zu konzentrieren und seine Bewegungen zu koordinieren.

- Eine besondere Herausforderung ist folgende Übung: Suchen Sie zwei gleiche Gegenstände (leere Toilettenpapierrolle, Serviette oder Ähnliches), wobei Sie nur einen davon anfassen. Den anderen berühren Sie von Anfang an nur mit einer Zange oder Pinzette. Tragen Sie den ersten Gegenstand für einige Zeit eng an Ihrem Körper und legen Sie ihn anschließend auf den Boden. Werfen Sie den unberührten Gegenstand mit der Zange oder Pinzette daneben. Nun muss Ihr Hund heraussuchen, welcher Gegenstand nach Ihnen riecht, und diesen apportieren. Später dann können Sie mehrere Gegenstände zur Auswahl stellen oder die Abstände zwischen den Objekten vergrößern, je nachdem, wie geschickt sich Ihr Senior anstellt.

- Schauen Sie doch einmal im Fachhandel oder auf Ausstellungen nach besonderem „Intelligentem Holzspielzeug" für Hunde. Hier gibt es zahlreiche Angebote, die die Geschicklichkeit des Hundes im Zusammenhang mit der Frage: Wie komme ich an das versteckte Futter?" fördern.

Beim Spiel mit Ihrem Vierbeiner sind der Phantasie keine Grenzen gesetzt! Natürlich müssen Sie bei all Ihrer Kreativität immer die körperliche und geistige Fitness Ihres Hundes berücksichtigen. Die Spiele müssen so gestaltet sein, dass Ihr Hund den Anforderungen auch gerecht werden kann. Grundsätzlich gilt jedoch: Erlaubt ist, was fordert und Spaß macht. Ihr Hund wird die täglichen Übungen sicher mit Begeisterung begrüßen. Vergessen Sie nie ihn zu loben, denn Motivation ist alles!

Kapitel 7

Altersvorsorge ist Fürsorge

Alter ist keine Krankheit, aber es bringt Gefahren mit sich!

In Sachen Gesundheit spielt neben der art- und altersgerechten Haltung Ihres Seniors selbstverständlich auch die medizinische Altersvorsorge eine bedeutende Rolle. Und zwar nicht erst dann, wenn erste Erkrankungen auftreten, die dem Hund das Leben schwer machen. Ziel der medizinischen Vorsorge sollte sein, Ihren Hund so gut wie möglich vor vermeidbaren Krankheiten zu schützen oder bestehende Leiden zu erleichtern für mehr Lebensqualität bis ins hohe Alter!

Erste Hinweise auf eine Herzerkrankung kann das Abhören des Herzens im Rahmen der Allgemeinuntersuchung geben. (Foto: IKO/Shutterstock)

Augen auf – zum Wohle Ihres Hundes

Das Risiko für bestimmte Erkrankungen nimmt mit dem Alter zu. Ob und wie stark die Gefahr ist, hängt unter anderem davon ab, wie fit ein Hund insgesamt ist und wie er in jungen Jahren gepflegt, ernährt und bewegt wurde. Je gewissenhafter sich der Halter von Anfang an darum kümmert, desto größer ist die Chance, dass der Hund auch im Alter lange gesund bleibt. Nachfolgend finden Sie eine Auflistung von Krankheiten, die beim Senior häufiger auftreten:

- Übergewicht (Adipositas) oder Untergewicht
- Zahnstein, Zahnverluste, Zahnfleischentzündungen

- Chronische Nieren- oder Lebererkrankungen
- Herz-Kreislauf-Störungen
- Erkrankungen des Bewegungsapparates (vor allem der Gelenke)
- Hormonelle Störungen (Diabetes mellitus, Schilddrüsenunterfunktion)
- Hauterkrankungen
- Tumore
- Augenerkrankungen (zum Beispiel Grauer Star)
- Chronische Magen-Darm-Erkrankungen
- Erkrankungen des Atmungsapparates
- Kognitive Dysfunktion

Das Typische an den genannten, möglichen Alterskrankheiten ist, dass diese allmählich auftreten, also anfangs völlig unbemerkt bleiben. Klassisch ist auch, dass alle Erkrankungen bei Früherkennung eine Chance auf Heilung bieten! Achten Sie deshalb im täglichen Miteinander aufmerksam auf jede Veränderung, die mit der Gesundheit Ihres Seniors in Zusammenhang stehen könnte.

Erste Hinweise auf solche Alterserkrankungen sind auch für Sie als Hundehalter zu erkennen. Schließlich kennen Sie Ihren Hund am allerbesten und werden demzufolge Abweichungen sicher sofort bemerken – eine Maßnahme, die kaum zusätzliche Zeit erfordert, sondern lediglich ein wenig Aufmerksamkeit. Fällt Ihnen etwas Außergewöhnliches auf, das ein Hinweis auf eine Erkrankung sein könnte, sollten Sie eine Tierarztpraxis zu Rate ziehen.

Seien Sie einfach die „rechte Hand" Ihres Tierarztes/Ihrer Tierärztin – so kann Ihrem Senior von Anfang an gezielt geholfen werden.

Übersicht über die medizinische Altersvorsorge

1. Schutz vor Erkrankungen

- Impfung
- Entwurmung
- Prophylaxe gegen Flöhe, Zecken, Milben
- Zahnhygiene
- Gewissenhafte Pflege
- Altersgerechte Bewegung
- Hochwertige, altersgerechte „Gesundernährung" in Abhängigkeit von Hundegröße und Alter und unter Berücksichtigung von Gesundheitsrisiken

2. Früherkennung von Krankheiten

- Aufmerksames Beobachten des Tieres im Alltag
- Regelmäßiger Gesundheits-Check in der Tierarztpraxis
- Kleine Rassen ab dem achten Lebensjahr
- mittelgroße Hunde (11 - 25 kg) ab dem siebten. Lebensjahr
- große Hunde (> 26 kg) ab dem fünften/sechsten Lebensjahr

3. Therapie beziehungsweise Linderung eines Leidens

Gezielte Therapie unter tierärztlicher Kontrolle durch

- Medikamente
- Spezifische Diätnahrung
- Naturheilkunde
- Angepasstes Bewegungsprogramm
- Physiotherapie

Ist mein Hund fit? - Der „Gesundheits- scheck" im Alltag

Haben Sie im täglichen Miteinander ein aufmerksames Auge auf die Gesundheit Ihres Seniors. Sollte Ihnen dabei etwas Ungewöhnliches auffallen, lassen Sie Ihren betagten Vierbeiner unbedingt tierärztlich untersuchen. Achten Sie zum Beispiel auf Veränderungen in folgenden Bereichen:

Beobachten Sie Ihren älteren Hund aufmerksam um Probleme schnell zu erkennen. (Foto: Andraž Cerar/Shutterstock)

Verhalten	Schmerzäußerungen, Orientierungslosigkeit, Apathie, Aggressivität
Futter- und Wasseraufnahme	Heißhunger oder Inappetenz, gesteigerter Durst, Probleme beim Schlucken oder Kauen, Erbrechen
Harn- und Kotabsatz	Inkontinenz, Durchfall oder Verstopfung, Schmerzen beim Urin- oder Kotabsatz, Blut im Urin oder Kot, Belecken der Anogenitalregion
Körpergewicht	Auffällige Zu- oder Abnahme, starke Gewichtsschwankungen
Atmung	Verminderte Belastbarkeit beim Spaziergang oder in Ruhe, starkes Hecheln, Niesen, Husten, erschwerte Atmung, Atemgeräusche, Nasenausfluss
Haut/Fell/ Gesäuge	Umfangsvermehrungen (Knoten), Juckreiz, Haarausfall, starke Schuppenbildung, Ekzeme
Bewegung	Bewegungsunlust, Lahmheit, Schmerzen beim Aufstehen oder Hinlegen, steifer Gang
Augen/Ohren	Nachlassendes Hör- beziehungsweise Sehvermögen, starker Ausfluss oder Verkrustungen, Schütteln des Kopfes, Warzen, Augen erscheinen trübe

Der „Senior Life Check" oder Altersvorsorge in der Tierarztpraxis

Trotz aller Aufmerksamkeit und Vorsorge durch Sie als Hundebesitzer – das A und O der medizinischen Altersvorsorge ist der regelmäßige Gesundheitscheck in der Tierarztpraxis. Begonnen werden sollte damit bei kleinen Hunden spätestens ab dem achten Lebensjahr, bei mittelgroßen (11 - 25 kg) Tieren bereits mit sieben Jahren und bei großen Hunden (ab 26 kg) ab dem fünften/sechsten Lebensjahr.

Anfangs reicht es aus, den Hund einmal jährlich untersuchen zu lassen. Im höheren Alter oder bei bereits bestehender Krankheit sollte der Senior zweimal pro Jahr in der Tierarztpraxis vorgestellt werden. Ideal ist es, den Senioren-Check mit ohnehin notwendigen Tierarztbesuchen zu verbinden, zum Beispiel im Rahmen der Impfung oder Entwurmung. **Aber** – auch wenn kein derartiger Termin ansteht und Ihr Hund unverändert gesund wirkt, sollten Sie mit ihm zur Vorsorgeuntersuchung gehen, denn oberstes Ziel ist die Früherkennung. Das Problem bei einigen schwerwiegenden Alterserkrankungen ist nämlich, dass sie sich oft erst spät in Form von „äußerlich" erkennbaren Krankheitssymptomen bemerkbar machen. Als Hundehalter registrieren Sie also erst, dass etwas nicht stimmt, wenn die Erkrankung Ihres Tieres bereits weit fortgeschritten ist. Typische Beispiele hierfür sind Funktionsstörungen an Herz, Nieren und Leber. Zunächst können die Organe ihr „Manko" selber ausgleichen. Dabei werden sie leider besonders stark beansprucht, was den Schaden weiter vorantreiben kann. Erst gegen Ende dieses

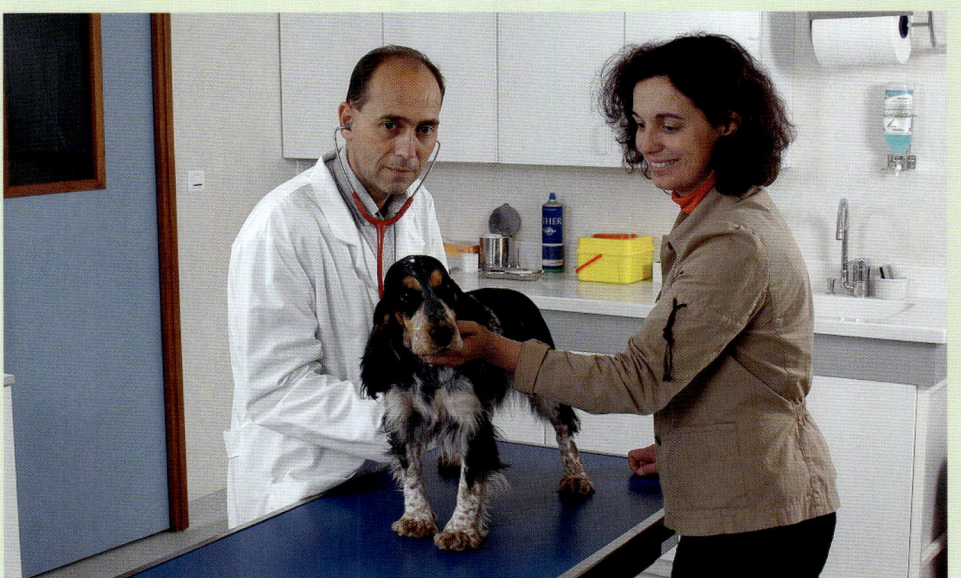

In der Tierarztpraxis werden viele Vorsorge-Dienstleistungen angeboten. (Foto: Royal Canin)

Die Krankheiten:
erkennen, besser vorbeugen und sie bekämpfen

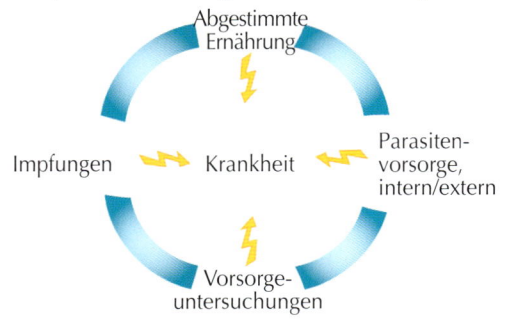

Durch die Kombination einiger einfacher Maßnahmen bleibt ihr Hund lange gesund. (Grafik: Royal Canin/Diffomedia)

Teufelskreises zeigt der Hund – dann für seinen Halter erkennbare Symptome – ein Zeitpunkt, zu dem die Erkrankung bereits in einem fortgeschrittenen Stadium und eine Behandlung nur noch begrenzt möglich ist. Nierenerkrankungen machen sich im Alltag zum Beispiel erst bemerkbar, wenn bereits 75 Prozent des Organgewebes geschädigt sind!

Sehr viel früher lässt sich eine solche Organerkrankung durch eine Blutuntersuchung feststellen, die im Rahmen eines Seniorenchecks durchgeführt wird. Eine gezielte Behandlung kann das Leiden dann häufig noch aufhalten oder lindern. Und genau hier setzt die Vorsorgeuntersuchung in der Tierarztpraxis an: Alle wesentlichen Organsysteme werden in einer eingehenden, körperlichen Untersuchung und anhand einer Blutprobe kontrolliert. Besteht daraufhin der Verdacht auf eine bestimmte Erkrankung, werden je nach Erkrankung weitere Untersuchungsschritte, wie zum Beispiel Harn-, Kot-, EKG-, Ultraschall- oder Röntgenuntersuchungen nötig. Oft ist es so möglich, Krankheiten frühzeitig zu

erkennen und gezielt zu behandeln. Der Altersvorsorge-Check lohnt sich also, wenn man bedenkt, dass in einem fortgeschrittenen Stadium oft jede Hilfe zu spät sein kann.

Wechseljahre gibt es nicht!

Hunde sind bis ins hohe Alter sexuell aktiv und fortpflanzungsfähig. Dass heißt, sie können, egal wie alt sie sind, Nachwuchs zeugen und austragen. Zu empfehlen ist es jedoch nicht, denn jede Trächtigkeit und Geburt sind für eine Hündin eine sehr große Strapaze. Eine Hündin, die das „beste Erwachsenenalter" überschritten hat, sollte deshalb keinen Nachwuchs mehr bekommen. Sorgen Sie daher in Absprache mit Ihrer Tierarztpraxis für die notwendige Geburtenkontrolle.

Narkose – Risiko im Alter?

Es kann immer mal sein, dass für Ihren alten Hund eine Operation in Narkose ansteht. Grundsätzlich besteht kein Grund zur übermäßigen Sorge, denn die heutigen Narkosemittel sind wirklich hervorragend verträglich und das Narkoserisiko ist im Vergleich zu früheren Jahren auch für ältere Hunde nur noch vergleichsweise gering. Allerdings muss der Gesundheitszustand Ihres Seniorhundes dabei berücksichtigt werden. Ist Ihr Hund „nur" alt, aber ansonsten fit, so ist das Risiko natürlich geringer als bei einem übergewichtigen Senioren mit eingeschränkter Herz- und Nierenfunktion. Sprechen Sie Ihren Tierarzt/Ihre Tierärztin am besten ganz konkret auf das Risiko an. Man wird sicher großes Verständnis für Ihre Ängste haben und die Narkose genau auf den Zustand Ihres Vierbeiners einstellen.

Übermitteln Sie außerdem der Praxis alle Informationen über Ihren Hund, zum Beispiel, ob Ihnen in der Vergangenheit Veränderungen aufgefallen sind. Besonders hilfreich kann hier der ROYAL CANIN SENIOR LIFE Bio-Check sein. Es handelt sich um einen Fragebogen, in dem bestimmte Fragen zur Gewichtsentwicklung, Belastbarkeit, Trink- und Fressverhalten, Beweglichkeit und Ähnlichem gestellt werden. Die Antworten helfen dabei, Veränderungen zu erkennen und mit einem speziellen Vorsorgeplan für Ihren Hund zu reagieren – für ein langes Leben in Bestform!

- **Tipp:** Ist die Funktion von Nieren und Leber im Alter eingeschränkt, reagieren ältere Hunde empfindlicher auf Narkosemittel als junge Tiere. Um hierauf Rücksicht nehmen zu können, ist es wichtig zu wissen, wie es um die Funktion der Organe bestellt ist.
- Spätestens vor einer anstehenden Operation sollte daher eine Blutuntersuchung zur Kontrolle der Nieren- und Leberwerte vorgenommen werden. Besser ist es natürlich,

dies bereits vorsorglich im Rahmen der regelmäßigen „Jahres-Check Ups" erledigt zu haben, um für Notfälle, in denen eine Narkose notwendig ist, vorbereitet zu sein.

Für den Ernstfall gewappnet – Krankenversicherung für Vierbeiner

Seit einiger Zeit gibt es private Krankenversicherungen auch für Hunde. Der Markt ist noch relativ überschaubar und ein Leistungsvergleich zwischen den Anbietern ist absolut sinnvoll. Achten Sie dabei nicht nur auf den Beitrag, sondern insbesondere darauf, welche Kosten ganz konkret von der Versicherung übernommen werden.

Schade ist, dass der überwiegende Teil der Anbieter nur Tiere bis zum 4. bzw. 7. Lebensjahr versichert. Lediglich ein Anbieter nimmt auch ältere Hunde bis zum 15. Lebensjahr bei sich auf. Das bedeutet: Frühzeitig an den Vertragsabschluss denken!

Der Beitrag liegt in der Regel zwischen 30 und 50 €. Bei der Beitragsfestsetzung werden außerdem Aspekte wie Größe, Alter und Rasse des Hundes berücksichtigt. Wird ein Hund erst im hohen Alter versichert, so liegen die Beiträge deutlich höher, da nun natürlich auch Erkrankungen wahrscheinlicher sind. Ebenso ist bei Rassen mit vielen Erbkrankheiten auch mit höheren Kosten zu rechnen.

Eine Versicherung kann beispielsweise bei unvorhersehbaren OP-Kosten eine wertvolle finanzielle Entlastung darstellen. (Foto: Royal Canin)

Vorsorgebehandlungen wie Entwurmung und Impfung werden nicht immer übernommen. Bei Operationen werden zum Teil Selbstbeteiligungen gefordert. Außerdem existieren unterschiedliche Höchstentschädi- gungssätze. Erkundigen Sie sich deshalb immer genau, welche Leistungen von der Versicherung übernommen werden und in welcher Höhe.

Prima ist, dass bei einigen Versicherern „Gesunderhaltung" und somit die Vorsorge belohnt wird. Bleibt ein Hund zum Beispiel innerhalb eines Jahres gesund, so erhöht sich automatisch der Versicherungsschutz der für tierärztliche Leistungen in Anspruch genommen werden kann.

Wie sieht es mit dem Vertragsabschluss aus?

Die meisten Versicherungen verlassen sich auf die Aussage des Halters, dass sein Hund gesund ist. Stellt sich im Nachhinein jedoch heraus, dass zum Zeitpunkt des Vertragsabschlusses entgegen der gemachten Angaben Krankheiten vorlagen, wird der Versicherungsschutz ungültig. Sicherheitshalber sollte man sich daher, auch wenn dies von der Versicherung nicht explizit gefordert wird, den Gesundheitsstatus seines Tieres vom behandelnden Tierarzt attestieren lassen.

■ Rechnen Sie sich einfach einmal durch, ob sich eine Kranken bzw. Operationskosten-Versicherung für Ihren Hund lohnt. Die Stiftung Warentest ist zu dem Schluss gekommen, dass es sinnvoller sein kann, für anstehende Tierarztrechnungen regelmäßig Geld zurückzulegen als eine Krankenversicherung für das Tier abzuschließen. Eine Operationskosten-Versicherung dagegen wurde als ratsam angesehen. Die Beiträge für ältere Tiere sind hier jedoch meist relativ hoch.

Kapitel 8

Sanfte Hilfe bei Altersbeschwerden

Naturheilkunde und Physiotherapie

Natürliche Heilmethoden und Wirkstoffe aus Pflanzen wie Knoblauch, Johanniskraut und Ginseng werden beim Menschen bereits seit Jahrhunderten gegen Altersbeschwerden angewendet. Auch für ältere Hunde werden Präparate mit natürlichen Inhaltsstoffen angeboten.

Was ist nun sinnvoll und was nicht? Sicher ist, dass Naturheilverfahren, wie zum Beispiel Akupunktur und Homöopathie bei älteren Hunden wertvolle Dienste leisten können. Insbesondere die Kombination mit der klassischen Medizin, der sogenannten Schulmedizin, kann hervorragende Ergebnisse bringen. Darüber hinaus sollte auch die Physiotherapie als sanfte Hilfe bei Altersbeschwerden nicht vergessen und unterschätzt werden.

Wichtig ist es, die Grenzen der natürlichen Heilmethoden zu berücksichtigen. Leidet ein Hund zum Beispiel an einer schweren Nierenerkrankung oder einem Tumor, so macht es wahrlich keinen Sinn, ein paar Kräuter aus der Apotheke zu holen. In solchen Fällen muss der Hund intensiv tierärztlich behandelt werden. Werden natürliche Heilverfahren falsch eingesetzt, können sie auch Schaden anrichten.

Grundsätzlich gilt: Naturheilkunde und Physiotherapie gehören in die Hand des kompetenten Fachmanns! Ideale Ansprechpartner sind Tierärztinnen und Tierärzte, die sich auf die ganzheitliche Tiermedizin spezialisiert haben. Auskunft über entsprechende Adressen erteilt zum Beispiel der Zentralverband der Ärzte für Naturheilkunde (ZÄN) und der Bundesverband der Praktischen Tierärzte BPT e.V. Informationen und Rat zum Thema Physiotherapie erhalten Sie in Ihrer Tierarztpraxis oder auch beim Vierbeiner Reha-Zentrum in Bad Wildungen.

Im Folgenden lesen Sie kurze Erklärungen zu natürlichen Behandlungsmethoden, die sich beim älteren Hund bewährt haben. Außerdem erhalten Sie Tipps, was Sie als Hundehalter zum Teil auch ohne tierärztliche Unterstützung für Ihren Senior tun können.

Wichtige Adressen:

Zentralverband der Ärzte für
Naturheilkunde (ZÄN)
Am Promenadenplatz 1
72250 Freudenstadt
Tel.: 07441/918580
info@zaen.org

Bundesverband der Praktischen
Tierärzte (BPT e.V.)
Hahnstraße 70,
60528 Frankfurt/Main,
Tel.: 069/6698180
Fax 069/6668170

Gesellschaft für ganzheitliche Tiermedizin (GGTM e.V.), Geschäftsstelle
Dr. Markus Mayer
Mooswaldstr. 7
79227 Schallstadt
Tel.: 07664/40363810
Fax: 07664/40363888
www.ggtm.de

Vierbeiner Reha-Zentrum/
Physiotherapie für Haustiere GmbH
Dr.-Marc-Straße 4
34537 Bad Wildungen
Tel.: 05621/802880
Fax 05621/802889

Akupunktur

Die Akupunktur ist die älteste und am weitesten verbreitete Naturheilmethode der Welt.

In asiatischen Ländern ist sie seit vielen Jahren selbstverständlicher Bestandteil der Medizin. Hierzulande gewinnt sie auch in der Tiermedizin immer mehr an Bedeutung.

Akupunktur zählt zur ganzheitlichen Medizin. Das bedeutet, dass man nicht die Behandlung eines Symptoms in den Mittelpunkt stellt, sondern die Erkrankung im Zusammenhang mit dem gesamten Körperbefinden des Tieres sieht.

Was bedeutet Akupunktur? Der Begriff leitet sich aus dem Lateinischen ab: acus = Nadel und *pungere* = Stechen. Bei der Akupunktur werden also an speziellen Punkten des Körpers und am Ohr mit feinen Nadeln Reize gesetzt, die sich über unsichtbare Bahnen im Körper ausbreiten. Über vegetative Reaktionen versucht man so ganz gezielt bestimmte Organe anzuregen oder aber zu beruhigen. Die Methode ist keineswegs schmerzhaft für den Hund, lediglich der Nadelstich ist etwas unangenehm. Wie in allen Bereichen gilt: Fachwissen ist entscheidend, das heißt, die Behandlung setzt entsprechendes Know-how voraus. Nur wenn die Akupunktur fachgerecht vorgenommen wird, verspricht sie auch Erfolg! Es gibt Tierärzte, die sich auf diese Methode spezialisiert haben.

Am besten erkundigt man sich bei der zuständigen Tierärztekammer, welcher Tierarzt in der näheren Umgebung die Zusatzbezeichnung Akupunkteur erworben hat. In diesem Fall kann der Besitzer sicher sein, dass dieser Tierarzt/diese Tierärztin sich für mindestens über 4 - 5 Jahre mit der Akupunktur beschäftigt hat und über entsprechende Erfahrungswerte verfügt. So lange dauert nämlich die Ausbildung, die mit einer zusätzlichen

Prüfung vor der Kammer abgeschlossen werden muss.

Grundsätzlich lassen sich über die Akupunktur nahezu alle Vorgänge im Körper beeinflussen. Richtig angewendet können Medikamente, insbesondere in der Schmerztherapie, überflüssig oder zumindest in geringerer Dosis gegeben werden. Die im Alter oft ohnehin stark beanspruchten oder geschädigten Organe wie Leber und Nieren des Patienten werden so entlastet.

Bei allen Vorteilen dieser Methode sollte hervorgehoben werden, dass sich nur Erkrankungen beeinflussen lassen, die reversibel (= umkehrbar, heilbar) sind. Bereits zerstörte Organe oder Gewebe lassen sich durch Akupunktur natürlich nicht mehr heilen.

Akupunktur gegen Altersleiden

Wie bereits erwähnt, kann die Akupunktur zur Behandlung vieler Erkrankungen eingesetzt werden. Ganz gleich ob als alleinige Therapie oder als ergänzende Maßnahme zur Schulmedizin, in der Praxis wird die Akupunktur bei älteren Hunden häufig eingesetzt bei:

- Schwerhörigkeit: Durch die Akupunktur erweitern sich die Gefäße im Bereich des Gehörganges, die Durchblutung wird gefördert, das Hörvermögen älterer Hunde kann so verbessert werden.
- Schmerztherapie (Arthrose): Im Körper werden durch die Akupunktur vermehrt Hormone freigesetzt, die den Schmerz

hemmen oder die Abläufe unterbrechen, die für den Schmerz verantwortlich sind.

- Abwehrkräfte: Das Immunsystem älterer Hunde kann durch Anregung der körpereigenen Abwehrmechanismen gestärkt werden.

Wie oft und über welchen Zeitraum ein Hund akupunktiert werden muss, hängt von der Art der Erkrankung ab. Bei der Schmerztherapie von Arthrosen wird das Tier zu Beginn meist ein Mal pro Woche behandelt, später können die Abstände unter Umständen auf mehrere Wochen erweitert werden. Über die individuelle Eignung und Form der Akupunktur kann nur eine Tierärztin oder ein Tierarzt entscheiden, der mit der Methode der Akupunktur vertraut ist und Ihren Hund gründlich untersucht hat.

Homöopathie

Schon früh fand die Homöopathie Anwendung in der Tiermedizin. Begründer dieser Behandlungsmethode ist Dr. Samuel Hahnemann. Übersetzt man den Begriff, so versteht man schnell, was Grundlage dieses Naturheilverfahrens ist. Der Begriff stammt aus dem Griechischen. „Homoios" bedeutet „ähnlich", pathos steht für „Krankheit oder Leiden". Einfach ausgedrückt versucht man also in der Homöopathie „Ähnliches mit Ähnlichem" zu heilen. Dies bedeutet, dass zum Beispiel gegen Bluthochdruck eine Substanz eingesetzt wird, die eigentlich Bluthochdruck verursacht, gegen Übelkeit dagegen ein Stoff, der

Magenbeschwerden auslöst. Die körpereigene Abwehr wird auf diesem Wege stimuliert.

Grundsätzlich gibt es bei der Homöopathie nicht nur ein Mittel zur Behandlung von einer bestimmten Erkrankung. Welches Präparat zum Einsatz kommt, richtet sich vielmehr nach dem gesamten Symptomenkomplex, den das einzelne Tier zeigt. Das ist ein wesentlicher Unterschied zur Schulmedizin! Jeder Patient erhält sein individuelles Mittel.

Die Kunst der Homöopathie besteht darin, dem Patienten Stoffe in starker Verdünnung zuzuführen, die beim gesunden Tier ähnliche Symptome hervorgerufen hätten. In der besonderen Aufbereitung als homöopathisches Mittel, und nur dann, bewirkt der Wirkstoff jedoch das Gegenteil. So ist zum Beispiel bekannt, dass Schwefel (Sulfur) Hautausschläge verursachen kann, in kleinen, homöopathisch zubereiteten Dosen diese jedoch heilen kann. Neben der Wahl der richtigen Substanz kommt es folglich auch auf die Verdünnung und Aufbereitung an.

Die Art der Aufbereitung und der Grad der Verdünnung werden in Buchstaben und Zahlen angegeben, zum Beispiel Echinacea D 1, Nux vomica D 6 oder Cocculus C3.

Die Arzneimittel werden dabei nicht nur verdünnt, sondern auch potenziert, d.h. sie sollen durch stufenweise Verschüttelung, also durch die Aufbereitung, an Heilkraft gewinnen. Je höher potenziert, umso höher soll die Heilkraft sein!

Homöopathische Mittel sind in Form von Milchzuckerkügelchen (Globuli), Tropfen oder Tabletten erhältlich.

Nur wenn die drei Faktoren – Substanz, Aufbereitung und Verdünnung – passend auf den Patienten und sein Krankheitsbild abgestimmt sind, soll die Homöopathie Erfolg zeigen. Wichtig ist, dass es in seltenen Fällen zu Beginn einer Behandlung zu einer kurzfristigen Erstverschlimmerung der Symptome kommen kann. Das ist nicht besorgniserregend, sondern wird als Zeichen dafür gewertet, dass die Behandlung anschlägt!

Neben allen positiven Aspekten darf man die Homöopathie nicht als Allheilmittel ansehen. Ihr Einsatz zum Beispiel zur Heilung von Knochenbrüchen oder aber zur Entfernung von Fremdkörpern oder Parasiten ist absolut unseriös! Durch einen Fachmann angewendet, verspricht die Homöopathie aber durchaus Erfolg. Insbesondere die Kombination mit den Methoden der Schulmedizin macht in vielen Fällen Sinn. Im Hinblick auf den alten Hund ist die Homöopathie auch kein Wundermittel gegen das Altern. Im Gegenteil – eigentlich begrenzt das Alter sogar die Möglichkeit der Homöopathie, denn Ziel der klassischen Homöopathie ist es, brachliegende Lebensenergien zu wecken. Bei älteren Hunden, deren Abwehr- bzw. Lebenskraft bereits geschwächt ist, hat diese jedoch ihre Grenzen.

Dennoch gibt es natürlich homöopathische Arzneimittel, die älteren Hunden helfen können. So kommt zum Beispiel *crataegus* (Weißdorn) zur Anregung der Herztätigkeit und *rhus toxicodendron* (Giftsumach) bei steifen Gelenken zum Einsatz.

Fragen Sie am besten in Ihrer Tierarztpraxis nach geeigneten homöopathischen Alternativen für die Altersvorsorge oder die Behandlung Ihres Hundes. Der ZÄN (Zentral-verband der Ärzte für Naturheilverfahren) teilt Ihnen bei Anfrage mit, wo sich in Ihrer Nähe eine Tierarztpraxis befindet, die sich auf Homöopathie spezialisiert hat. Hier sind Sie und Ihr Hund am besten aufgehoben!

Bach-Blüten-Therapie

Da bei älteren Hunden viele Altersleiden nicht rein körperlicher, sondern auch psychischer Natur sind, wird die Bach-Blüten-Therapie für viele Senioren empfohlen. Ein Vorteil dieser Methode ist, dass Sie als Hundehalter für Ihren Hund aktiv werden können – ohne viel Aufwand, oft aber mit erfreulichem Erfolg.

Die Bach-Blüten-Therapie wurde von dem englischen Arzt Edward Bach vor rund 70 Jahren als „Do it yourself-Heilmethode" für jedermann entwickelt. Grundlage der Therapie sind 38 heilkräftige Blüten und reines Quellwasser. Edward Bach war der Überzeugung, dass die meisten Krankheiten Ausdruck eines inneren Ungleichgewichts sind. Wird dieses nun behoben, so glaubte er, bessert sich das Leiden des Patienten. Bach strebte nach einer Therapie, die zuverlässig wirkt, gleichzeitig aber auch einfach anzuwenden und absolut ungefährlich ist. So suchte der erfahrene Arzt nach natürlichen Wirkstoffen, die negative Gemütszustände aufheben und so der eigentlichen Ursache von Krankheiten entgegenwirken. Das Ergebnis: die Bach-Blüten-

Essenzen. Keine der verwendeten Blüten kann Schaden anrichten, egal in welcher Form und Menge sie verabreicht wird. Für die positive Wirkung ist allerdings eine bestimmte Aufbereitung notwendig, nur so kann sich die heilende Kraft der Blüten entfalten. Heutzutage sind die Bach-Blüten-Essenzen in aufbereiteter Form in fast allen Apotheken erhältlich.

Die richtige Blüte für Ihren Hund

Mit den Bach-Blüten-Essenzen werden nicht Krankheiten behandelt, sondern das dem Leiden zugrunde liegende innere Ungleichgewicht. Bei älteren Hunden ist dies gerade dann sinnvoll, wenn sie unter altersbedingten Veränderungen ihres Gemüts leiden oder wenn einer ihrer Charakterzüge mit fortschreitenden Jahren zum Problem wird. So soll zum Beispiel einem älteren Hund, der plötzlich nicht mehr stubenrein ist, weil sein Körbchen in einen anderen Raum gestellt werden musste, die Blüte *honeysuckle* (Geißblatt) helfen. Sie ist für Patienten bestimmt, die bereits bei kleinsten Veränderungen aus dem Gleichgewicht kommen.

Die Blüte der Eiche (engl. *oak*) soll dagegen Senioren helfen, die eigentlich eine Aufgabe im Leben brauchen, diese aber aus körperlichen oder äußeren Umständen nicht mehr ausüben können und aufgrund dessen unglücklich sind.

Auch wenn Sie bei Ihrem Tier mit Bach-Blüten keinen Schaden anrichten können, so ist es doch sinnvoll, sich intensiv mit der Methode zu befassen und einen Fachmann zu Rate zu ziehen. Denn nur, wenn Sie die wirklich passenden Bach-Blüten für Ihren Hund auswählen, kann ihm geholfen werden.

Physiotherapie

Die Physiotherapie zählt zu den ganzheitlichen Therapieformen, deren oberstes Ziel die Wiederherstellung, Verbesserung und Erhaltung der Funktions- und Leistungsfähigkeit des gesamten Organismus ist.

Hydrotherapie kann bei Bewegungseinschränkungen Linderung verschaffen. (Foto: Royal Canin)

Mit Hilfe der Physiotherapie werden gestörte Körperfunktionen, insbesondere des Bewegungsapparates, behandelt. Die Beweglichkeit der Gelenke und deren Gesundheit können auf diesem Wege gefördert werden. Das leuchtet ein, wenn man sich nun vorstellt, dass ein Gelenkknorpel nur bei Bewegung mit Nährstoffen versorgt wird!

Im allgemeinen Sprachgebrauch wird die Physiotherapie häufig immer noch mit Krankengymnastik gleichgesetzt, dabei hat sie weitaus mehr zu bieten als nur gezielte Bewegungsprogramme. Zu dieser Therapieform gehören nämlich neben der aktiven und passiven Bewegungstherapie (Krankengymnastik) auch Massagen, Neuraltherapie, Kälte- und Wärmetherapie sowie Elektrotherapie (Reizstrom, Magnetfeld, Ultraschall) und die Hydrotherapie (Kneipp'sche Anwendungen).

Welche Verfahren bei Ihrem Hund zum Einsatz kommen, richtet sich nach dem Behandlungsziel, beziehungsweise der jeweiligen Erkrankung, die Ihr Tier aufweist. Das Einsatzgebiet der Physiotherapie ist vielfältig, macht insbesondere bei älteren, bewegungeingeschränkten Vierbeinern Sinn und verspricht gute Erfolge. Verspannungen können gelöst, die Beweglichkeit verbessert und Schmerzen gelindert werden. Letztlich kann auf diesem Wege ein positiver Einfluss auf das Wohlbefinden und die Lebensqualität des Tieres ausgeübt werden. Was will man mehr? Schließlich fühlt man sich als Besitzer auch besser, wenn der Hund „fröhlicher" erscheint.

Wann macht eine Physiotherapie Sinn?

- Lahmheiten, zum Beispiel infolge einer Arthrose
- Bandscheibenerkrankungen, wie zum Beispiel der „Teckellähme"
- Unterstützende Maßnahme bei Übergewicht
- Rehabilitation nach Operationen
- Muskelaufbau vor geplanten Operationen
- Verbesserung der Beweglichkeit, insbesondere bei älteren Hunden
- Schmerzlinderung
- Training für Leistungshunde
- Entspannung bei gestressten, ängstlichen Hunden

Ihre Mithilfe ist gefragt!

Massagen, die zum Beispiel in der Tierarztpraxis angewendet werden und die Durchblutung des Gewebes steigern, helfen Verspannung zu lösen und Schmerzen zu bekämpfen, können auch von Ihnen erlernt und zuhause angewendet werden. Fachleute raten sogar dazu, dass die Besitzer die Therapie im Alltag unterstützen und weiterführen. Im Übrigen gibt es im Buchhandel hervorragende Literatur zur Bewegungstherapie von Hunden. Nur Mut – Ihr Hund kann davon nur profitieren! Tierarztpraxen, die sich auf die Physiotherapie spezialisiert haben, bieten oft auch Massagekurse oder

Ähnliches an. Erkundigen Sie sich doch einfach mal nach einer solchen Fortbildung!

Wussten Sie eigentlich schon, dass die Berufsbezeichnung Tierphysiotherapie nicht geschützt ist, das heißt, dass sich eigentlich jeder so nennen darf? Man kann sich vorstellen, dass physiotherapeutische Maßnahmen, die ohne Fachkenntnis angewendet werden, mehr Schaden als Nutzen anrichten und bestehende Erkrankungen sogar verschlimmern können.

Deshalb begeben Sie sich und Ihren Hund immer nur in „sichere" Hände. Am besten wenden Sie sich an physiotherapeutisch ausgebildete Tierärzte oder Tierphysiotherapeuten, die mit Ihrer Tierarztpraxis kooperieren. Ein guter Ansprechpartner ist auch das Vierbeiner Reha-Zentrum in Bad Wildungen. (www.vierbeiner-rehazentrum.de) Voraussetzung für eine dortige Therapie ist die Verordnung durch den behandelnden Tierarzt/Tierärztin. Notwendig sind unter anderem dessen Diagnose, Angaben zur bisherigen Therapie sowie alle Untersuchungsergebnisse (Blut, Röntgen, Ultraschall etc.). Die Behandlung umfasst dann eine tierärztliche Eingangsuntersuchung und erst anschließend wird ein Therapieplan erstellt. Im Anschluss an die Therapie wird ein Bericht an den Haustierarzt geschickt. So wünscht man sich die Zusammenarbeit zwischen Tierbesitzer, Haustierarzt und Physiotherapeut!

Physiotherapie beim Senioren:

- Steigerung des Wohlbefindens
- Steigerung der allgemeinen Leistungsfähigkeit
- Unterstützung der Gewichtsabnahme
- Rehabilitation nach Operationen, Knochenbrüchen und Lähmungen

- Degenerative, rheumatische Erkrankungen
- Zerrungen oder Verstauchungen
- Gelenkerkrankungen wie Arthrosen und Hüftgelenkdysplasie
- Bandscheibenerkrankungen

THERAPIEFORM	MAßNAHMEN/TECHNIKEN	WIRKUNG
Massage	<ul><li>Streichen</li><li>Kneten</li><li>Klopfen</li><li>Walken</li><li>Vibration</li></ul>Rein manuell oder unterstützt durch Bürsten, Massagebälle, Massagehandschuhe	Je nach Anwendung:<ul><li>beruhigend/anregend</li><li>Regulierung der Durchblutung</li><li>Entspannung/Anregung der Muskulatur</li><li>Abtransport von</li><li>Stoffwechselschlacken Schmerzlinderung</li></ul>
Aktive Bewegungstherapie (aktive Krankengymnastik)	<ul><li>Parcourstraining (Bewegung über Stangen, durch Tunnel, um Pylonen etc.)</li><li>Kreisgehen</li><li>Bergauf-Bergab-Gehen</li><li>Schreiten auf Laufbändern (trocken oder unter Wasser)</li><li>Schwimmen</li></ul>	Training von<ul><li>Muskeln</li><li>Gelenken</li><li>Koordination</li><li>Bewegungsabläufen</li><li>Verbesserung der Beweglichkeit/Mobilität</li></ul>
Passive Bewegungstherapie (passive Krankengymnastik)	Passive Bewegung durch Therapeuten:<ul><li>Gymnastik</li><li>Stretching</li><li>Traktion (gezielte Reizung bestimmter Gewebe und Körperregionen)</li></ul>	Training von<ul><li>Nerven</li><li>Muskeln, Sehnen und Bändern</li><li>Muskelaufbau, Steigerung der Durchblutung und Beweglichkeit</li></ul>
Thermotherapie	<ul><li>Infrarotlampen</li><li>Decken</li><li>Warme Bäder</li><li>Warme oder kalte Umschläge</li></ul>	<ul><li>Wärme fördert die Durchblutung und entspannt die Muskulatur. Insbesondere bei degenerativen Erkrankungen</li><li>Kälte wirkt abschwellend, entzündungshemmend, schmerzstillend, insbesondere bei Entzündungen angewendet.</li></ul>
Elektrotherapie	<ul><li>Reizstrom</li><li>Magnetfeld</li><li>Ultraschall</li></ul>	<ul><li>Förderung der Durchblutung</li><li>Abtransport von Stoffwechsel schlacken</li></ul>
Hydrotherapie	Kneipp´sche Anwendungen<ul><li>Wickel</li><li>Güsse</li><li>Bäder</li></ul>	<ul><li>Stärkt die Abwehrkräfte</li><li>Fördert die Durchblutung</li><li>Stabilisiert den Kreislauf</li></ul>

Übungen für den Alltag

Wunderbar zu wissen, dass Sie selber etwas für das Wohlbefinden und die Lebensfreude Ihres älteren Hundes tun können. Sie können ihn zum Beispiel massieren oder machen Sie doch mal ein paar gymnastische Übungen mit ihm. Bewegung ist unverzichtbar für Körper und Geist und sorgt für Vitalität und Mobilität auch im rüstigen Alter. Durch einfache Massagegriffe können Sie zudem die Durchblutung der Muskulatur anregen, Verspannungen lösen und helfen Schmerzen zu bekämpfen.

Ganz egal was Sie tun, wichtig ist doch, dass Sie auf diesem Wege Zeit mit Ihrem Vierbeiner verbringen. Intensive Erlebnisse, die Ihnen niemand mehr nehmen kann!

Massage:

- Massieren Sie Ihren Hund durch Kreisbewegungen der Finger. Beginnen Sie dabei am Kopf über beide Körperseiten bis hin zur Rutenspitze. Zum Beenden der Massage streichen Sie noch einmal mit der flachen Hand vom Kopf bis zur Rutenspitze. Grundsätzlich gilt, dass die Massage für Ihren Hund angenehm sein sollte. Achten Sie auf seine Reaktion! Entspannt er sich dabei? Prima, dann kann die Massage ruhig 15 Minuten in Anspruch nehmen.

Gymnastik:

- „Natur-Cavalettis": Legen Sie beim Spaziergang ein paar Äste hintereinander auf den Boden oder zu Hause einfach Besen, Schaufel oder andere Gartengeräte und lassen Sie Ihren Hund dort hinüber laufen. So bringen Sie den Senior dazu, seine Beine im regelmäßigen Rhythmus vermehrt anzuheben.

- Slalom: Steht eine Baumreihe so, dass sie sich für einen Slalom anbietet, dann nutzen Sie diese Chance. Natürlich kann man auch Futtertonnen, Blumenkübel o. Ä. als Slalomstrecke einsetzen – Ihrer Fantasie sind keine Grenzen gesetzt! Passieren Sie den natürlichen Parcours mit Ihrem Hund mehrfach in unterschiedlichem Tempo. Beginnen Sie langsam und steigern Sie das Tempo dann. Bedenken Sie dabei bitte immer die individuelle Fitness Ihres Hundes. Einigen Hunde „reicht" der ruhige Marsch durch den Slalomparcours völlig aus.

- „Berg auf und Berg ab": Suchen Sie sich einen sanften Hang, den Ihr Hund regelmäßig in langsamen Schritten erklimmen und anschließend auch wieder hinunterlaufen kann. Diese Übung trainiert die Muskeln von Vorder- und Hinterbeinen.

- Schwimmen und mehr: Nutzen Sie jedes Gewässer, ganz gleich ob Meer, See oder Bach. Wasser wirkt Wunder! Lassen Sie Ihren Hund schwimmen oder aber in seichten Gewässern durch das Wasser schreiten. Bei fließenden Gewässern verstärken Sie den Trainingseffekt, indem Sie Ihren Hund entgegen der Strömung marschieren lassen. Bei sehr kalten Außen- und Wassertemperaturen sollten Sie sicherheitshalber auf ein Vollbad verzichten. Einige Senioren können nämlich auf Bäder in kaltem Wasser empfindlich reagieren. Insbesondere bei angeschlagener Gesundheit, zum Beispiel Nierenschwäche oder Arthrosen, sollte man unbedingt auf diese Form der Gymnastik in der kalten Jahreszeit verzichten. „Schwimmen verboten" gilt im Übrigen auch für kranke Vierbeiner, Hunde mit Hauterkrankungen und frisch operierte Tiere.

■ Unterschiedlicher Untergrund: Das Laufen auf unterschiedlichen Böden erhält die Sensibilität und trainiert die Muskulatur. Lassen Sie Ihren Hund zum Beispiel durch tiefen Sand laufen. Das bietet eine ähnlich gute Gymnastik wie das Waten durch Wasser. Variieren Sie ganz einfach harte und weiche, ebene und unebene, trockene und nasse Böden sowie Beton und Wiese.

Luxus für Leib und Seele

Gönnen Sie Ihrem Senior wohltuenden Komfort für die alten Knochen – zum Beispiel durch eine wattierte und isolierte Thermodecke, eine weich gesteppte Matte oder ein gefüttertes Schlafkissen.
Fragen Sie einfach in Ihrem Zoofachgeschäft nach oder schauen Sie sich auf einer Hundeausstellung nach entsprechenden Angeboten um!

Kapitel 9

Auf gute alte Tage!

Zum guten Schluss – „Altersfrisch" und voller Zuversicht in die Zukunft

Hoffentlich hat Ihnen dieses Buch dabei geholfen zu erkennen, dass Hundealter keine Krankheit ist und kein Grund um Trübsal zu blasen. Im Gegenteil – das Zusammenleben mit einem älteren Vierbeiner ist in der Regel wunderbar. Natürlich muss man mit altersbedingten Einschränkungen rechnen, aber das gehört schließlich zu einem langen, gemeinsamen Leben dazu. Sie werden feststellen, dass Ihr Hund Sie mehr denn je braucht und insbesondere wie viel Sie selber für die Gesundheit und Lebenserwartung Ihres Hundes tun können. Sie sind zunehmend mehr gefragt und rücken ganz in den Fokus Ihres Hundes – was kann es Besseres geben? Nur derjenige, der es schon mal erlebt hat wird verstehen, wie intensiv und spannend die Tage mit einem Hundesenioren sind. Viele Hundebesitzer hört man sagen: Die Welpenjahre waren klasse, aber als alter Hund war es eine einmalige Zeit!

Und unter uns: Ihr Hund kann sich glücklich schätzen, dass Sie sich so um ihn sorgen, dass Sie dieses Buch zu Rate ziehen. Also, genießen Sie dieses intensive Für- und Miteinander, denn genau das macht das Zusammenleben mit Ihrem Hund zu dem was es ist: Eine Freundschaft fürs Leben!

(Foto: Matthew Williams-Ellis/ Shutterstock)

Auf einen Blick zum guten Schluss! So schenken Sie Lebensqualität bis ins hohe Alter:

Zuwendung und Beschäftigung

Schenken Sie Ihrem Hund Aufmerksamkeit und Liebe und nutzen Sie den gemeinsamen Alltag für viele schöne gemeinsame Aktivitäten. So sorgen Sie dafür, dass Ihr Hund geistig in Form bleibt.

Pflege und Bewegung

Widmen Sie sich im Alltag der liebevollen Pflege und gezielten Bewegung Ihres Seniors. Damit halten Sie ihn vital und agil, beugen Krankheiten vor und bereiten ihm so einen gesunden und erfüllten Lebensabend.

Ernährung

Übernehmen Sie die Verantwortung für die gesunde Ernährung Ihres Hundes, denn er kann nicht wissen, was gut für ihn ist. Wählen Sie ein Futter, das auf den Bedarf älterer Hunde abgestimmt ist, und bewahren Sie Ihren Senior vor ungesunden, überflüssigen Pfunden. Die Auswahl einer altersgerechten Nahrung beeinflusst die Lebenserwartung Ihres Tieres und das Wohlbefinden!

Leidet Ihr Hund unter einer Altersschwäche oder Erkrankung, dann nutzen Sie zu seinem Wohle Diätfuttermittel aus der Tierarztpraxis.

Altersvorsorge

Früherkennung lautet das Stichwort. Lassen Sie Ihren Hund ein- bis zweimal im Jahr tierärztlich untersuchen. Sprechen Sie Ihre Tierarztpraxis zum Beispiel auch auf das ROYAL CANIN SENIOR LIFE Programm an. Mit diesen und weiteren Vorsorgemaßnahmen können Sie Ihrem alten Freund allerhand unnötiges Leiden ersparen und vor allem rechtzeitig notwendige Behandlungen einleiten.

Medizinische Versorgung

Nutzen Sie die medizinischen Fortschritte für die gesundheitliche Versorgung Ihres Hundes. Beraten Sie sich mit Ihrer Tierärztin oder Ihrem Tierarzt, welche Mittel und Behandlungsverfahren zur Vorbeugung und Behandlung alterstypischer Leiden zur Verfügung stehen.

Danksagung

Der Dank der Autorinnen gilt ihrer Kollegin Dr. med. vet. Imke Meyer, die sie bei der Recherche zu diesem Buch unterstützt hat. Ebenso dankt sie Dr. med. vet. Ralf Tobias für die eingehende Beratung zum Thema „Bewegung bei Herz-Kreislauf-Erkrankungen" und Dr. med. vet. Stefan Kaiser für die Informationen zum Thema „Bewegung orthopädischer Patienten".

Stichwortregister